生态文明
理论与实践概论

SHENGTAI WENMING LILUN YU SHIJIAN GAILUN

主　编◎王培君
副主编◎曹顺仙　　孙建华　　牛庆燕

河海大学出版社
HOHAI UNIVERSITY PRESS
·南京·

图书在版编目(ＣＩＰ)数据

生态文明理论与实践概论／王培君主编；曹顺仙，
孙建华，牛庆燕副主编. －－南京：河海大学出版社，
2022.2
　ISBN 978-7-5630-7472-3

Ⅰ.①生… Ⅱ.①王… ②曹… ③孙… ④牛… Ⅲ.
①生态环境建设－研究－中国 Ⅳ.①X321.2

中国版本图书馆 CIP 数据核字(2022)第 027697 号

书　　名	生态文明理论与实践概论	
书　　号	ISBN 978-7-5630-7472-3	
责任编辑	曾雪梅	
特约校对	褚佳佳	
封面设计	徐娟娟	
装帧设计	杭永红	
出版发行	河海大学出版社	
地　　址	南京市西康路 1 号(邮编:210098)	
电　　话	(025)83737852(总编室)	(025)83722833(营销部)
经　　销	江苏省新华发行集团有限公司	
排　　版	南京布克文化发展有限公司	
印　　刷	南京工大印务有限公司	
开　　本	718 毫米×1000 毫米　1/16	
印　　张	14	
字　　数	225 千字	
版　　次	2022 年 2 月第 1 版	
印　　次	2022 年 2 月第 1 次印刷	
定　　价	42.00 元	

《生态文明理论与实践概论》编写委员会

主　编：王培君

副主编：曹顺仙　孙建华　牛庆燕

编委会成员：

王培君　曹顺仙　孙建华　牛庆燕

王　立　李　亮　乔永平　郭　辉

生态兴则文明兴,生态衰则文明衰。生态环境是人类生存和发展的根基,人与自然的关系是人类社会最基本的关系。人生于自然、长于自然、成于自然,人与自然是生命共同体;以人为主体的社会是人与自然、人与人、人与社会等关系交汇而成的发展共同体,以人为主体、以人为根本认识自然、改造自然、保护自然、善待自然是顺应自然之道、成就人之为人之道的内在逻辑,是生命共同体、发展共同体得以永续的前提。

建设生态文明旨在厚植人类文明永续发展的生态根基,造福人类,福泽众生。因此,生态文明建设不仅要坚持"绿水青山就是金山银山"的重要发展理念,"要像保护眼睛一样保护生态环境,像对待生命一样对待生态环境"①,而且要深刻领会改善生态环境就是保护生产力、改善生态环境就是发展生产力的道理,以生态惠民、生态利民、生态为民为出发点和回归点,推动生产方式和生活方式的绿色变革,以新理念、新思想、新制度和新的思维方法促进人与自然和谐共生的生态文明的形成。建设生态文明是一场涉及人类文明形态更替和经济社会发展转型升级的革命。

生态文明理论与实践以近现代以来自然科学、社会科学、人文科学的分化、融合及交叉发展的成果为基础,涉及生物学、生态学、生命科学、生态哲学、环境伦理学、生态经济学、生态政治学、生态社会学、生态人类学等不同学科的知识、理论和思维方法,具有特定的科学规定性。与此同时,生态文明理论与实践又与各国人民对生态环境问题的根源性反思和文化性批判紧密相关,是人们以问题为导向,追求更

① 中共中央宣传部. 习近平新时代中国特色社会主义思想学习纲要[M]. 北京:学习出版社,人民出版社,2019:169.

可持续发展和更美好生活过程中形成的新理论和实践成果。

新时代中国特色社会主义生态文明建设是以习近平新时代中国特色社会主义思想为指导，以坚持人与自然和谐共生、坚持绿水青山就是金山银山、推动形成绿色发展方式和生活方式、统筹山水林田湖草沙系统治理、实行最严格的生态环境保护制度等为主要内容，以新发展理念引领并推动美丽中国建设和人类命运共同体建构。新时代中国把生态文明建设摆在治国理政的突出位置，强调生态环境是关系党的使命、宗旨的重大政治问题，也是关系民生的重大社会问题，坚持大力推进生态文明建设，坚决把生态文明建设融入经济建设、政治建设、文化建设和社会建设的各个方面及各项进程。党的十九大将建设生态文明提升为中华民族永续发展的千年大计，明确了到 2035 年和本世纪中叶生态文明建设的"两步走"战略目标和步骤。在坚持打好污染防治攻坚战的基础上，2020 年 10 月，党的十九届五中全会把"生态文明建设实现新进步"作为"十四五"时期经济社会发展的 6 个主要目标之一；同时，明确向国际社会提出了"3060"碳达峰、碳中和目标。生态文明日益成为中国特色社会主义现代化的时代特征和提升中国在全球环境治理中的国际话语权的崭新领域，中国正日益成为全球生态建设和全球生态环境治理的重要参与者、贡献者、引领者。

为了系统回顾和总结生态文明理论与实践的发展历程和重大成绩，更好发挥高等院校在培养中国特色社会主义生态文明事业的建设者和接班人中的作用，南京林业大学集中相关力量组织开展了《生态文明理论与实践概论》的编著工作。

本书编写的目的与要求：

一是贯彻落实立德树人根本任务，深入学习习近平新时代中国特色社会主义思想，尤其是学习、研究、宣传习近平生态文明思想，培养具有中国特色社会主义生态文明意识的时代新人。习近平新时代中国特色社会主义思想是马克思主义中国化的最新理论成果，习近平生态文明思想则是习近平新时代中国特色社会主义思想的重要组成部分，是当今世界可持续发展、绿色发展的科学思想，是赓续数千年人类文明成就和生态智慧、创新性推进新世纪中国特色社会主义现代化建设的指导思想。因此，学习、研究、宣传、普及生态文明理论成果和实践经验是新时代赋予高校立德树人的重要职责和使命。通过对本教材的学习，本、硕、博学生能够了解世界范围内生态文明理论与实践的由来和实质，认识和把握生态文明建设的必然性，增强对生态文明的科学认知和使命担当。

二是用当代中国马克思主义最新理论成果认识和推进生态文明。全面把握生态文明纵向转型升级、横向协同发展的关系,认清世界大势,科学判断社会走向,离不开有力的理论武器、科学的思想方法。马克思主义是认识世界和改造世界的强大思想武器。"要立足时代特点,推进马克思主义时代化,更好运用马克思主义观察时代、解读时代、引领时代,真正搞懂面临的时代课题,深刻把握世界历史的脉络和走向。"①

三是联系国内外生态环境问题,了解生态文明建设的长期性、复杂性、多样性,坚定走绿色发展道路的信心和决心,联系环境治理和生态文明建设取得的巨大成就,让学习者认识中国大力推进社会主义生态文明建设的重大意义,了解中国特色社会主义生态文明是新时代中国共产党推进生态文明理论与实践的主题,增强生产、生活、生态"三生"共赢的道路自信、理论自信、制度自信、文化自信,进一步树立"两山"理念,坚定以新发展理念推进和建设中国特色社会主义生态文明。

人类文明浩浩荡荡,从古代埃及、古代巴比伦、古代印度、古代中国,历经 6 000多年,虽有兴有衰、有分有合,但兴衰分合都以生态环境为根与基。如今,经过工业化浪潮洗礼的世界正朝着新的文明方向迈进。在未来 100 年里,新的文明将照亮世界,福泽全球。②

①　习近平. 习近平谈治国理政(第 2 卷)[M]. 北京:外文出版社,2017:66.
②　曹顺仙. 世界文明史[M]. 北京:中国林业出版社,2019:9.

目录

第五章　新时代中国特色社会主义生态文明建设

第六章　中国生态文明试验区建设进展与经验

第七章　生态文明是人类永续发展的千年之计

第一章
生态文明的由来与实质

自迈入工业社会以来,通过工业化的生产和科学技术的不断发展,人类创造了巨大的物质财富并积淀了丰厚的精神财富。不过,与之相伴的环境污染、生态破坏、资源短缺、生物多样性减少以及全球性气候变化等生态环境问题,使世界各国和地区陷入环境与发展彼此矛盾对立的困境。经济社会的可持续发展逐渐成为国际社会共同关注的重大问题。反思和批判旧的发展模式,在扬弃农业文明、工业文明的基础上,走绿色循环低碳的道路,以发展方式的生态化变革推动人类文明由工业文明转向人与自然和谐共生的生态文明,成为划时代的选择。

第一节 工业革命带来的生态环境问题

工业革命给人类社会带来了能源和资源濒临枯竭、大气污染、水体污染、噪声污染、"固废"污染、生物多样性减少等严重的环境问题,由此引发的能源危机、资源危机和生态危机对人类的生存构成了巨大的威胁。人与自然如何和谐相处成为人类社会发展面临的首要问题,我们的工作需要创新理念、创新思路,人类未来的发展模式需要重新构建,这样才能促进社会的可持续发展。

一、环境污染状况严重

随着科学技术的发展,一些新型的化学药品、化学试剂被迅速制造出来并迅速应用到人类生产生活中。例如,以前需要一年甚至更长时间才能养成的猪,如今只需几个月就可长到几百斤;原来要几个月才可上市交易的鸡,现在仅需几十天就可长大;过去要很长时间才可出苗的农作物,现在由于用了新型试剂,也可在很短时间内迅速生长。各种生物生长周期的缩短速成虽然经济见效快，但我们要知道人类生活于自然界，且始终处于自然生命的循环往复之中，食物及食物链、生产链的改变，可能会造成无法预知的生态环境后果。人类长期累积而造成的环境污染状况突出表现在以下几个方面。

1. 大气污染。化石能源的使用，使得工业生产及汽车和飞机排放的废气而导致的大气污染始终困扰着人类。一份环境监测数据表明，全球约有 13 亿人口生活在受污染的空气中。在中国，由于城市工业集中，人口密度大，大气污染尤为严重。例如，北京民间常有"二月吸霾、三月吹沙、四月飘絮、五月吃土"的戏称，当地政府为了保护环境，不得不临时采取措施，如临时关闭一些水泥厂之类的重度污染企业，限制公车的出行数量。尽管如此，仍收效甚微，北京的空气质量依然令人担忧。

2. 水体污染。水是生命之源，人类须臾离不开水。然而，水体污染却日益加剧。据《2006 中国环境状况公报》，我国的海洋水体已受污染，特别是靠近陆地的海洋中，海水污染已经相当严重，主要污染因子为活性无机磷、无机氮等，其来源是沿岸一些化工企业的违法排污。就海水污染的程度而言，杭州湾、长江口、辽东湾、珠江口和渤海湾水体为重度污染，一、二类海水比例不足 40%；闽江口为中度污染，二类和四类海水各占 50%。对人类影响最大的是地表水，而同样据《2006 中国环境状况公报》，2006 年全中国地表水的总体水质量已属中度污染，主要污染指标为高锰酸盐指数、氨氮和石油类等。监测数据表明，深层地表水的水质优于浅层地下水，开采程度低的地区地下水的水质优于开采程度高的地区，造成地表水中度污染的原因也是一些企业的排污。[①] 经过治理，我国水体污染总体好转，但局部污染仍然存在。据《2018 年中国生态环境状况公报》，西北诸河和西南诸河水质为优，长江、珠江流域和浙闽片河流水质良好，黄河、松花江和淮河流域为轻度污染，海河和辽河流域为中度污染。[②]

3. 噪声污染。2006 年，我国开展了一次全国性环境评估，在被评估的 378 个市 (县) 中，轻度污染的城市有 111 个 (占 29.4%)，中度污染的城市有 6 个 (占 1.6%)，

---

① 国家环保总局. 2006 中国环境状况公报 [EB/OL]. (2001-06-05) [2021-06-06]. http://mee. gov. cn/hjzl/sthjzk/zghjzkgb/.

② 2018 年《中国生态环境状况公报》(摘录二) [J]. 环境保护, 2019, 47(12): 50-55.

重度污染的城市有 1 个(占 0.3％),噪声污染的主要来源是交通噪声。近几年来,随着汽车保有量的增加,噪声污染的情况在逐年加重,对人类的正常生活已经造成了严重的干扰。2018 年,324 个地级及以上城市开展了昼间道路交通声环境监测,平均等效声级为 67.0 分贝。215 个城市昼间道路交通声环境质量为一级,占 66.4％;93 个城市为二级,占 28.7％;13 个城市为三级,占 4.0％;3 个城市为四级,占 0.9％。321 个地级及以上城市开展了夜间道路交通声环境监测,平均等效声级为 58.1 分贝。151 个城市夜间道路交通声环境质量为一级,占 47.0％;56 个城市为二级,占 17.4％;37 个城市为三级,占 11.5％;44 个城市为四级,占 13.7％;33 个城市为五级,占 10.3％。①

4. 固废污染。人类的大量消费,在对各种资源构成压力的同时,也产生了大量的固体废物——垃圾。据统计,发达国家每人每年产生垃圾 3.5 吨,发展中国家每人每年产生垃圾 1.3 吨,许多城市产生的固体废物已经远远超过城市的收集和处理能力,只好任其堆放,既占用了大量的土地,又造成了环境污染。另外,在固体废物中,还有很多属于危险废物,这些废物往往具有易燃性、腐蚀性、反应性、爆炸性、传染性,对人类生活环境产生的危害可能更为巨大。

二、生物多样性减少

工业革命以来的近 200 年,伴随着人口数量膨胀和经济快速发展,野生动植物的种类和数量以惊人的速度减少。联合国有关报告显示,1970—2000 年,物种的平均数量丰富性持续降低了约 40％,内陆水域物种数量降低了约 50％,而海洋和陆地物种数量均降低了约 30％。对全球两栖动物、非洲哺乳动物、农田鸟类、英国蝴蝶、加勒比海和印度太平洋珊瑚及常见捕捞鱼类物种的研究表明,多数物种数量减少,有12％～52％的物种面临灭绝的危险。在今后二三十年内,地球上将有 1/4 的生物物种陷入绝境;到 2050 年,约有半数动植物将从地球上消失。每天有 50～150 种、每小时有 2～6 种生物灭绝。②

---

① 中华人民共和国生态环境部. 2018 中国生态环境状况公报[EB/OL]. (2019-05-22)[2021-06-06]. http://www.mee.gov.cn/hjzl/sthjzk/zghjzkgb/201905/P020190619587632630618.pdf.
② 曾文革,肖峰.论气候变化背景下保护生物多样性的国际法协调[C]//中国法学会环境资源法学研究会,桂林电子科技大学.生态安全与环境风险防范法治建设——2011 年全国环境资源法学研讨会(年会)论文集(第二册).中国法学会环境资源法学研究会,桂林电子科技大学,2011:7.

中国是世界上物种最丰富的国家之一,拥有森林、灌丛、草甸、草原、荒漠、湿地等地球陆地生态系统,以及黄海、东海、南海、黑潮流域四大海洋生态系统,拥有高等植物 34 984 种,居世界第三位;脊椎动物 6 445 种,占世界脊椎动物总种数的 13.7%,已查明真菌种类 1 万多种,占世界真菌总种数的 14%。[①] 但物种受威胁的情况也是惊人的,中国是世界上生物多样性丧失最严重的地区之一。约有 5 000 种植物处于濒危状态,约占中国高等植物总数的 20%;约有 398 种脊椎动物处在濒危状态,约占中国脊椎动物总数的 7.7%。据估计,我国的植物物种中有 15%~20%处于濒危状态,高于世界 10%~15%的平均水平。

生物多样性是地球生命共同体的基础,也是可持续发展的支柱之一。如果没有生物多样性,人类就难以感受到树林的绿意,还可能失去空气、食物和水。而在过去的半个多世纪里,人类活动对生物多样性造成了前所未有的破坏。地球上的生物种类正在以相当于正常水平 1 000 倍的速度消失。全世界目前约有 3.4 万种植物和 5 200 多种动物濒临灭绝。[②] 这种情况对生态系统、社会经济和人类生活都造成了严重损害。

人类活动造成生态环境急剧恶化,物种丧失速率不断增加,引起了国际社会的广泛关注。为保护物种,20 世纪 70 年代,国际社会签署了诸如《濒危野生动植物种国际贸易公约》《关于特别是作为水禽栖息地的国际重要湿地公约》等一系列有关物种资源保护的条约。20 世纪 80 年代后期,国际社会开始进行《生物多样性公约》的政府间谈判,并于 1992 年 5 月 22 日内罗毕会议上达成《生物多样性公约》文本,随后于 1992 年 6 月 5 日在巴西里约热内卢"联合国环境与发展大会"上签署。1993 年 12 月 29 日,公约正式生效。目前,公约有 196 个缔约方。1994 年 12 月,联合国大会通过决议,将每年的 12 月 29 日定为"国际生物多样性日"。2001 年,第 55 届联合国大会通过第 201 号决议,将"国际生物多样性日"改为 5 月 22 日。当下,国际履约方面有多个热点问题需要共同关注,包括:生物遗传资源获取和惠益分享、与遗

---

① 张风春,杨小玲,钦立毅.《中国生物多样性保护战略与行动计划》解读[J]. 环境保护,2010(19):8-10.

② 薛达元.《中国生物多样性保护战略与行动计划》的核心内容与实施战略[J]. 生物多样性,2011,19(4):387-388.

传资源相关的传统知识获取及惠益分享、转基因生物体越境转移造成损害的赔偿责任和补救、生物多样性和气候变化、自然保护区、外来入侵物种以及生物燃料生产对生物多样性的影响等。

三、自然资源的过度消耗

自然资源是指自然界天然存在、未经人类加工的资源,如土地、水、生物、能量和矿物等,即在一定时间条件下,能够产生经济价值以提高人类当前和未来福利的自然环境因素的总和。人类在开发自然和向自然索取的过程中,忽视了人与生态系统的和谐性和统一性,逐步酿成了一系列生态灾难。因此,树立尊重自然、顺应自然、保护自然的生态文明理念,保护存在于自然界的可为人类所利用的一切自然资源,建立人类社会最适合生活、工作和生产的环境,是实现中华民族永续发展的必然选择。

1. 森林锐减。森林与人类息息相关。人类文明建立之初,地球陆地面积的 2/3 被森林所覆盖,约为 76 亿公顷。1 万年前,森林面积减少到 62 亿公顷,占陆地面积的 42%。19 世纪减少到 55 亿公顷,世界各地依然到处能见到森林。进入 20 世纪以后,人类对森林的破坏达到了十分惊人的程度。截至目前,全球森林覆盖率仅为 30%,总面积 40 多亿公顷。无节制的砍伐和自然灾害正在导致全球森林面积逐年减少,每年有近 1 300 万公顷的森林被砍伐,每年约有 730 万公顷热带密闭林被开垦作农田,约有 380 万公顷稀疏林被用作耕地或作为薪柴砍伐。全球森林资源处于危险边缘,其中热带雨林正以惊人的速度从地球上消失,已有 70% 被毁掉。森林破坏带来了二氧化碳排放增加、物种减少、水土流失、气候失调、旱涝成灾等严重的后果。

2. 草地退化。我国现有草地面积 3.9 亿公顷,仅次于澳大利亚,居世界第二位。但人均占有草地仅为 0.33 公顷,约为世界平均水平的一半。我国草地质量不高,低产草地占 61.6%,中产草地占 20.9%,全国难以利用的草地比例较高,约占草地总面积的 5.6%。草地生产能力低下,平均每公顷草地生产能力约为 7.02 个畜产品单位,仅为澳大利亚的 1/10、美国的 1/20、新西兰的 1/80。[①] 近年来,由于长期

---

① 付国臣,杨韫,宋振宏.我国草地现状及其退化的主要原因[J].内蒙古环境科学,2009,21(4):32-35.

超载过牧,过度使用,加上气候干旱、人为采樵、滥挖滥猎,破坏了草地植被,草地严重退化并逐步沙化。目前,90%的草地已经或正在退化,其中中度退化程度以上(包括沙化、碱化)的草地达 1.3 亿公顷,并且每年以 200 万公顷的速度递增。北方和西部牧区退化草地已达 7 000 多万公顷,约占牧区草地总面积的 30%。调查表明,内蒙古草原面积为 7 491.85 万公顷,比 20 世纪 60 年代减少 1 003.43 万公顷。草地退化不但使牲畜失去"粮食",更严重的是导致水土严重流失、江河湖泊断流干涸、虫鼠灾害频繁、沙尘暴愈演愈烈。大气中的煤烟型悬浮颗粒物、酸雨、水源污染、臭氧层破坏、温室效应等都直接或间接地危害草原生态。[①]

草地退化是世界各国普遍面临的重要问题,退化后的草地的恢复与重建成为当前各国关注的焦点之一。为了使退化的草地尽快得到恢复与重建,我国早在 2002 年就颁发了《国务院关于加强草原保护与建设的若干意见》,2013 年新修订的《中华人民共和国草原法》正式实施。近年来,国家对草原保护建设的投入大幅度增加,先后实施了天然草原植被恢复与建设、牧草种子基地、草原围栏、退牧还草、育草基金、草原防火、草原治虫灭鼠等建设项目,取得了良好的生态、经济和社会效益。通过项目建设,草原植被得到恢复,防风固沙和水土保持能力显著增强,项目区草原生态环境明显改善。截至 2011 年底,全国累计种草保留面积 1 044.7 万公顷,其中改良草地面积 306.1 万公顷;全国草原围栏面积 701.1 万公顷;禁牧草原面积 0.95 亿公顷;推行草畜平衡面积 1.44 亿公顷。[②]

3. 湿地减少。我国是湿地大国,2008 年统计数据显示,我国湿地齐全、数量丰富,除苔原湿地外,其余类型均有分布。现有面积在 100 公顷以上的湿地有 28 类,总面积 3 848 万公顷,其中自然湿地 3 620 万公顷,包括滨海湿地 594 万公顷、河流湿地 821 万公顷、湖泊湿地 835 万公顷、沼泽湿地 1 370 万公顷,位居亚洲第一、世界第四。由于对湿地的盲目围垦和改造,我国湿地面积大幅度减少。统计数据表明,自 20 世纪 50 年代以来,沿海滩涂湿地面积已减少 50%。湿地生物资源和水资源的不合理利用,造成许多湿地物种灭绝,湿地功能退化,生物多样性衰退。尤其是

① 李春梅. 我国半干旱地区农业结构调整与水资源可持续利用研究[D]. 北京:中国气象科学研究院,2003.
② 缪冬梅,张院萍.2011 年全国草原监测报告[J]. 中国畜牧业,2012(9):18-32.

湿地严重污染已成为我国湿地生态系统面临的最严重威胁之一。大量未经处理的"三废"直接向湿地水体排放,严重污染河湖水体;农药及化肥的大量使用,使湿地水质和农田土质严重恶化,从而破坏了湿地生态系统丰富的生物资源和生物生产力,导致湿地生态环境恶化、生物多样性受损。

4. 土地荒漠化。土地荒漠化是指在干旱、半干旱和某些半湿润、湿润地区,气候变化和人类活动等各种因素所造成的土地退化,包括土地沙化、水土流失、植被退化等。[①] 土地荒漠化使土地生物减少,经济生产潜力减少甚至基本丧失,因此,也被称作"地球的癌症"。荒漠化不仅是生态问题,也是经济问题,它意味着土地退化、生态恶化,也意味着经济衰退和人们生活质量的倒退。全球每年有600万公顷的土地变为荒漠。全球共有干旱、半干旱土地50亿公顷,其中33亿公顷遭到荒漠化威胁。人类文明的摇篮——底格里斯河、幼发拉底河等流域,都由沃土变成了荒漠。据联合国公布的数字,不当的人类活动以及气候变化导致占全球干旱地区面积41%的土地不断退化,荒漠面积逐渐扩大。目前,全球有110多个国家共10亿多人正遭受土地荒漠化的威胁,其中1.35亿人面临流离失所的危险。全球每年因土地荒漠化造成的经济损失超过420亿美元。[②]

中国是世界上土地荒漠化和沙化面积大、分布广、危害重的国家之一,严重的土地荒漠化、沙化威胁着我国生态安全和经济社会的可持续发展,威胁中华民族的生存和发展。据统计,中国荒漠化土地面积263.6万平方千米,石漠化土地面积12.96万平方千米,两者加在一起约占我国陆地领土面积的28.8%。中国有约4亿人口受到荒漠化影响,每年荒漠化造成的直接经济损失约520亿元。土地沙化、水土流失是中国当前荒漠化中最为严重的生态、环境问题。中国沙化土地面积每年以3 000多平方千米的速度在扩展。2005—2011年,我国发生在坡耕地上的石漠化土地面积增加了65.15万亩[③],年均增加10.86万亩,其中失去耕种条件的面积为42.93万亩,年均以7.15万亩的速度弃耕,坡耕地质量进一步下降。专家分析,我

---

① 马军,朱庆文.我国土地荒漠化危害·成因及其防治对策[J].安徽农业科学,2007(32):10445-10447.

② 赵清文.生态危机、生态安全与生态文明——应对全球生态危机视野下的生态文明建设[J].伦理与文明,2014(1):197-204.

③ 1亩=1/15公顷。

国每年荒漠化造成的直接经济损失达 1 200 亿元。不断扩展的沙化使得生态问题越来越严重,造成了可利用土地被蚕食、土壤贫瘠、生产力下降等问题,给国民经济和社会发展造成了极大危害。截至 2014 年,我国荒漠化土地面积 261.16 万平方千米,沙化土地面积 172.12 万平方千米。与 2009 年相比,5 年间荒漠化土地面积净减少 12 120 平方千米,年均减少 2 424 平方千米;沙化土地面积净减少 9 902 平方千米,年均减少 1 980 平方千米。自 2004 年以来,我国荒漠化和沙化状况连续 3 个监测期"双缩减",呈现整体遏制、持续缩减、功能增强、成效明显的良好态势,但防治形势依然严峻。①

5. 水土流失。我国是世界上水土流失最严重的国家之一,水土流失分布面积大、范围广。全国有水土流失面积 356.9 万平方千米,占陆地领土总面积的 37.18%,需治理的面积有 200 多万平方千米,重点在水力侵蚀地区和水力风力侵蚀的交错地区。水土流失不仅广泛发生在农村,而且发生在城镇和工矿区,几乎每个流域、每个省份都有。从我国东、中、西三大区域分布来看,东部地区水土流失面积为 9.1 万平方千米,中部地区为 51.15 万平方千米,西部地区为 296.65 万平方千米。我国水土流失强度大、侵蚀重,年均土壤侵蚀总量 45.2 亿吨,约占全球土壤侵蚀总量的 1/5。主要流域年均土壤侵蚀量为每平方千米 3 400 多吨,黄土高原部分地区甚至超过 3 万吨,相当于每年 2.3 厘米厚的表层土壤流失。全国土地侵蚀量大于每年每平方千米 5 000 吨的面积达 112 万平方千米。根据水土流失面积占陆地领土的比例以及流失强度综合判定,我国现有严重水土流失县 646 个。其中,长江流域 265 个、黄河流域 225 个、海河流域 71 个、松辽流域 44 个。从省级行政区来看,四川省水土流失严重的县为全国最多,其次是山西、陕西、内蒙古、甘肃。② 2019年,全国水土流失面积 271.08 万平方千米,占国土面积(未含香港特别行政区、澳门特别行政区和台湾地区)的 28.34%,较 2018 年减少 2.61 万平方千米。与 2011 年第一次全国水利普查数据相比,全国水土流失面积减少了 23.83 万平方千米,平均

---

① 国家林业和草原政府网. 中国荒漠化和沙化状况公报[EB/OL]. (2015-12-29)[2021-06-06]. http://www. forestry. gov. cn/main/58/content-832363. html.

② 参见:孙鸿烈我国水土流失问题及防治对策[EB/OL]. [2021-06-06]. https://wenku. baidu. com/view/6911f34e767f5acfa1c7cd0d. html;2010 中国环境状况公报[EB/OL]. (2011-05-29)[2021-06-06]. https://www. mee. gov. cn/gkml/sthjbgw/qt/201301/t20130109_244898. htm.

每年以近 3 万平方千米的速度减少。①

　　水土流失会极大地破坏农业生产条件,加剧洪涝和干旱灾害,严重影响交通、电力、水利等基础设施的运行安全;同时,水土流失也是造成生态环境恶化、贫困加剧的原因之一。参加中国水土流失与生态安全综合科学考察活动的专家们一致认为,水土流失对我国经济社会发展的影响是多方面的、全局性的和深远的,主要表现在4 个方面:一是导致土地退化,耕地毁坏,威胁国家粮食安全。二是导致江河湖库淤积,加剧洪涝灾害,对我国防洪安全构成巨大威胁。三是恶化生存环境,加剧贫困,成为制约山丘地区经济社会发展的重要因素。四是削弱生态系统的调节功能,加重旱灾损失和面源污染,对我国生态安全和饮水安全构成严重威胁。此外,水土流失给国家带来的经济损失不可低估。如 2000 年水土流失给国家带来的经济损失约1 900 亿元,相当于当年全国 GDP 的 2.1%。② 现如今,我国水土流失状况持续好转,生态环境整体向好态势进一步稳固,水土流失实现面积强度"双下降"、水蚀风蚀"双减少"。截至 2020 年,全国共有水土流失面积 269.27 万平方公里。其中,水力侵蚀面积 112.00 万平方公里,风力侵蚀面积 157.27 万平方公里。按侵蚀强度分,轻度、中度、强烈、极强烈、剧烈侵蚀面积分别为 170.51 万平方公里、46.30 万平方公里、20.39 万平方公里、15.34 万平方公里、16.73 万平方公里,分别占全国水土流失总面积的 63.33%、17.19%、7.57%、5.70%、6.21%。与 2019 年相比,全国水土流失面积减少了 1.81 万平方公里,减幅 0.67%。③ 这充分表明十八大以来党中央全面推进生态文明建设已经取得显著成效。不过,就"美丽中国"的民族复兴使命而言,生态文明建设仍然任重道远。

第二节　可持续发展战略的诞生和意义

　　可持续发展战略是在 20 世纪六七十年代逐渐形成的环境保护和可持续发展观的引导下诞生的,是应对生态环境问题的重大战略,蕴含着支撑人类文明的发展观

---

　　① 新华社. 监测显示:我国水土流失状况持续好转[EB/OL]. (2020-08-18)[2021-06-06]. http://www.gov.cn/xinwen/2020-08/18/content_5535672.htm.
　　② 鄂竟平. 中国水土流失与生态安全综合科学考察总结报告[J]. 中国水土保持,2008(12):3-4.
　　③ 中华人民共和国水利部. 2020 年水土保持公报[EB/OL]. (2021-09-30)[2021-06-06]. http://www.mwr.gov.cn/sj/tjgb/zgstbcgb/202109/t20210930_1545971.html.

念和发展方式的重大变革。

一、可持续发展战略的诞生背景

可持续发展(Sustainable Development)是 20 世纪 60 年代以来,由于诸多环境问题出现,人类面临着空前的发展困境,经过逐步探索直到 20 世纪 80 年代后期才形成的一个新概念。① 可持续发展概念自提出以来,已得到世界各国政府和社会各界的广泛关注,其基本思想得到了普遍认同,并成为当今国际社会的重要热点问题之一。不仅如此,可持续发展也已经是各国政府面对不可持续的生态危机而不得不选择的发展战略。

可持续发展是在全球经济、社会和环境面临诸多危机的压力下,人类反思自身生产、生活行为,逐渐觉醒和逐步形成的人类发展观。

可持续发展观的起源可追溯到 20 世纪五六十年代。当时,工业化对资源和环境造成的压力,使人们对经济增长作为唯一的发展模式的观念提出了质疑。最具代表性的是 1962 年美国科学家蕾切尔·卡逊(Rachel Carson)发表的《寂静的春天》一书,该书首次把农药的危害展示在世人面前,引起了人类对传统经济发展模式的反思。

1972 年 6 月在瑞典斯德哥尔摩召开的联合国人类环境会议通过了具有历史意义的《联合国人类环境宣言》。该宣言明确地提出"我们应该做些什么,才能保持地球不仅成为现在适合人类生活的场所,而且将来也适合子孙后代居住"。虽然这个宣言仅偏重于由发展引起的环境问题,没有注重环境和发展的相互关系,但它仍然被认为是人类关于环境和发展问题思考的第一个里程碑。

可持续发展概念第一次被明确地提出是在 1980 年由自然保护同盟等组织发起、多国政府官员参与制定的《世界自然保护大纲》中。② 这个大纲不仅强调资源保护,而且注重将它与人类发展结合起来。它勾画出可持续发展概念的基本轮廓。1983 年成立的世界环境与发展委员会(WCED),在挪威前首相布伦特兰夫人领导下,经过 900 多天的工作,于 1987 年向联合国提交了《我们共同的未来》的报告,该报告后来也被称为《布伦特兰报告》。这份报告对可持续发展理论的形成起到了关

---

① 王志宏. 实施循环经济与我国可持续发展战略研究[D]. 成都:西南财经大学,2007.
② 王志宏. 实施循环经济与我国可持续发展战略研究[D]. 成都:西南财经大学,2007.

键的作用。报告明确指出过去经济发展对环境产生的影响,强调今后人类应走出一条资源环境保护与社会经济发展兼顾的可持续发展之路。11 年之后,在《世界自然保护大纲》的续篇《保护地球——可持续生存战略》中,对"要发展,又要保护"的思想作了进一步的阐述。

标志着人类有关环境与发展问题思考的第二个里程碑是 1992 年 6 月在巴西里约热内卢召开的联合国环境与发展大会。会上通过的《里约热内卢环境与发展宣言》和《21 世纪议程》是将可持续发展概念和理论付诸行动的开始。它以可持续发展为中心,加深了人类对环境问题的认识。它把环境问题与经济社会发展有机地结合起来,树立了环境与发展相互协调的观念。

此后国际社会又相继召开了一系列可持续发展的重要会议并提出了有关可持续发展的一些重要思想和战略。例如,1994 年在开罗召开的世界人口与发展大会,它的主题是"人口、持续的经济增长和可持续发展",明确地提出了"可持续发展问题的中心是人";1995 年在哥本哈根召开的社会发展问题世界首脑会议以及在北京召开的世界妇女大会,都强调可持续发展对人类的重要性,并制定了该领域可持续发展的全球战略和行动计划;1996 年在伊斯坦布尔召开的联合国人类住区会议和在罗马召开的世界粮食会议,分别讨论了人类住区和世界粮食的可持续发展问题;1997 年 6 月在纽约召开的可持续发展特别会议上,与会者审议了里约热内卢会议 5年以来各国贯彻实施可持续发展战略的情况和存在的问题,提出了今后的发展目标和行动措施。

二、可持续发展的概念与内涵

自 20 世纪 80 年代中期以来,西方发达国家对可持续发展作出了几十种不同的定义,概括起来主要有 5 种类型。

1. 从自然属性定义可持续发展。"可持续发展是寻求一种最佳的生态系统以支持生态的完整性,即不超越环境系统更新能力的发展,使人类的生存环境得以持续。"这是国际生态学联合会和国际生物科学联合会在 1991 年 11 月联合举行的可持续发展专题讨论会的成果。

2. 从社会属性定义可持续发展。1991 年,由世界自然保护同盟、联合国环境规划署和世界野生生物基金会共同发表的《保护地球——可持续生存战略》中给出的定义认为,"可持续发展是在生存不超出维持生态系统涵容能力之情况下,改善人类的生活品质",并提出人类可持续生存的九条基本原则。该定义主要强调人类的生产方式与生活方式要与地球承载能力保持平衡,可持续发展的最终落脚点是人类社会,即改善人类的生活质量,创造美好的生活环境。

3. 从经济属性定义可持续发展。这种观点认为可持续发展的核心是经济发展,是在"不降低环境质量和不破坏世界自然资源基础上的经济发展"。

4. 从科技属性定义可持续发展。这种观点认为可持续发展就是要用更清洁、更有效的技术——尽量做到接近"零排放"或"密闭式"工艺方法,以保护环境质量,尽量减少能源与其他自然资源的消耗。其着眼点是实施可持续发展,科技进步起着重要作用。

5. 从伦理方面定义可持续发展。这种观点认为可持续发展的核心是目前的决策不应当损害后代人维持和改善其生活标准的能力。

可持续发展理论的"外部响应",表现在对于"人与自然"之间关系的认识:人的生存和发展离不开各类物质与能量的保证,离不开环境容量和生态服务的供给,离不开自然演化进程所带来的挑战和压力,如果没有人与自然之间的协同进化,人类就无法延续。

可持续发展理论的"内部响应",表现在对于"人与人"之间关系的认识:可持续发展作为人类文明进程的一个新阶段,其核心内容包括了对于社会的有序程度、组织水平、理性认知与社会和谐的推进能力,以及对于社会中各类关系的处理能力,诸如当代人与后代人的关系、本地区和其他地区乃至全球之间的关系,必须在和衷共济、和平发展的氛围中,才能求得整体的可持续进步。因此,对可持续发展内涵的总体认知可以概括为:第一,只有当人类对自然的索取与人类向自然的回馈相平衡;第二,只有当人类在当代的努力与对后代的贡献相平衡;第三,只有当人类思考本区域的发展能同时考虑到其他区域乃至全球的利益时,可持续发展理论才具备坚实的基础。[①]

---

① 牛文元.可持续发展理论的内涵认知——纪念联合国里约环发大会 20 周年[J].中国人口·资源与环境,2012,22(5):9-14.

相对于传统发展而言,可持续发展的突破性贡献可归纳为 5 个最基本的方面:一是可持续发展内蕴了"整体、内生、综合"的系统本质;二是可持续发展揭示了"发展、协调、持续"的运行基础;三是可持续发展反映了"动力、质量、公平"的有机统一;四是可持续发展规定了"和谐、有序、理性"的人文环境;五是可持续发展体现了"速度、数量、质量"的绿色标准。

三、 可持续发展战略的基本原则

可持续发展是一种全新的人类生存方式,它不但涉及以资源利用和环境保护为主的环境生活领域,而且涉及作为发展源头的经济生活和社会生活领域。因此可持续发展应遵循以下几个基本原则。

1. 公平性原则。一是代内公平,现实世界中贫富悬殊,两极分化,如占世界人口 26％的发达国家耗用了全部能源、钢铁和纸张等的 80％。这种世界不可能实现可持续发展。二是代际公平,由于自然资源是有限的,所以可持续发展要求当代人的发展不能以损害满足后代人发展需要的自然资源和环境为条件,应留给后代人公平的自然资源和环境利用权。

2. 持续性原则。持续性使人类的经济活动和社会发展不能超出自然资源与生态环境的承载能力,即可持续发展不仅要求人与人之间的公平,还要求人与自然之间的公平。资源和环境是人类赖以生存与发展的基础,因此,可持续发展是在保护自然资源与生态系统的前提下的发展,人类对自然资源的消耗不能超过它的临界值,也不能损害地球生命所赖以生存的大气、水、土壤、生物等自然系统;同时,人类应根据持续性原则调整自己的生产与生活方式,有节制地消耗资源和环境。

3. 共同性原则。共同性是指普遍性和总体性。由于世界各国历史、文化和发展水平存在差异,所以可持续发展的具体目标、政策和实施过程不可能是一样的。因此可持续发展作为全球发展的总目标,所体现的公平性原则和持续性原则应该是共同的。从根本上讲,实施可持续发展就是促进人类之间以及人类与自然之间的和谐,保持互惠互生的关系。

四、 实现可持续发展战略的重要性和艰巨性

就我国而言,实现可持续发展战略目标就是要建立可持续发展的经济体系、社会体系和保持与之相适应的可持续利用的资源和环境基础。这对拥有 14 亿人口的

发展中国家而言,特别重要,也特别艰巨。这是由我国的经济、社会条件决定的。

我国是一个人口基数大、人均资源少、经济发展水平较低、科学技术比较落后的发展中的社会主义国家。在这样的条件下,要想发展,只有走可持续发展的道路,大力控制人口增长,节约和合理利用资源,加强生态环境的保护,否则,我们的现代化建设,必将陷于难以为继的困境,是不可能实现发展目标的。[①]

无论是从国际的角度来看,还是从国内的角度来看,推进可持续发展的战略都面临着尖锐的挑战。从国际的角度看,国际关系特别是中美关系变化带来的影响持续加深,世界经济复苏和发展的不确定性、不稳定性表现较为突出,一些发达国家在可持续发展领域对其承诺兑现的政治意愿呈现下降趋势,由此可见我国可持续发展战略的推进面临着一个复杂而严峻的外部环境。

国内的挑战是多方面的,主要有以下三个方面:一是资源环境对发展的约束日益增强。2020 年农作物受灾面积 1 996 万公顷,其中绝收 271 万公顷。全年因洪涝和地质灾害造成直接经济损失 2 686 亿元,因旱灾造成直接经济损失 249 亿元,因低温冷冻和雪灾造成直接经济损失 154 亿元,因海洋灾害造成直接经济损失 8 亿元。全年大陆地区共发生 5.0 级以上地震 20 次,成灾 5 次,造成直接经济损失约 18 亿元。全年共发生森林火灾 1 153 起,受害森林面积约 0.9 万公顷。[②] 我国淡水、石油、铁矿石等重要资源的人均赋存量较之世界平均水平处于低位,且这些资源大多分布在西部地区,开采、利用与保护的成本比较高。中国的资源利用效率与世界先进水平相比,仍然存在着较大的差距,所以随着我们的经济向前发展,这些重要资源的供给矛盾将日益突出。我国自然环境总体上比较脆弱,一直存在着水土流失、土地沙化、草地退化、湿地萎缩等一系列问题,使实现可持续发展战略面临着比较大的压力。

二是我国面临着由高速发展向高质量发展转型的经济发展压力。截至 2020年,初步核算,全年国内生产总值 1 015 986 亿元,比上年增长 2.3%。其中,第一产

---

① 曹顺仙. 论生态文明的自然观——辩证唯物的生态自然观[J]. 南京林业大学学报:人文社会科学版,2015,15(3):87-99.

② 中华人民共和国 2020 年国民经济和社会发展统计公报[EB/OL]. (2021-02-28)[2021-06-06]. http://www.gov.cn/xinwen/2021-02/28/content_5589283.htm.

业增加值 77 754 亿元,增长 3.0%;第二产业增加值 384 255 亿元,增长 2.6%;第三产业增加值 553 977 亿元,增长 2.1%。第一产业增加值占国内生产总值的比重为 7.7%,第二产业增加值比重为 37.8%,第三产业增加值比重为 54.5%。① 我们的资源供需矛盾比较突出,主要污染物的排放量持续超过环境的容量,亟待通过转变发展方式来实现转型发展。所以,如何在确保实现我们发展目标的前提下,推进中国经济社会高质量发展,是当前和今后一个时期面临的重要挑战,也是我们实现可持续发展面临的重要挑战。

三是我国发展中的不平衡、不协调的问题比较突出。我们的产业结构不够合理,内需与外需、投资与消费的结构不平衡。在区域、城乡、经济和社会等方面发展不协调的问题还没有根本解决,特别是区域间的基本公共服务水平发展的差距比较大。另外,我们还存在着技术创新能力比较薄弱、体制机制障碍比较多等问题。

面对严峻复杂的国际形势、艰巨繁重的国内改革发展稳定任务,特别是新冠肺炎疫情的严重冲击,以习近平同志为核心的党中央统揽全局,保持战略定力,准确判断形势,精心谋划部署,果断采取行动,付出艰苦努力,及时作出统筹疫情防控和经济社会发展的重大决策。各地区各部门坚持以习近平新时代中国特色社会主义思想为指导,全面贯彻党的十九大和十九届二中、三中、四中、五中全会精神,按照党中央、国务院决策部署,沉着冷静应对风险挑战,坚持高质量发展方向不动摇,统筹疫情防控和经济社会发展,扎实做好"六稳"工作,全面落实"六保"任务,我国经济运行逐季改善、逐步恢复常态,在全球主要经济体中实现经济正增长,脱贫攻坚战取得全面胜利,决胜全面建成小康社会取得决定性成就,交出一份人民满意、世界瞩目、可以载入史册的答卷。

第三节 "生态文明"的提出

特殊的国情和所遭遇的现代化问题的复合性、累积性、叠加性,使中国在转型发展和新文明建设方面走在世界前列。

---

① 中华人民共和国 2020 年国民经济和社会发展统计公报[EB/OL]. (2021-02-28)[2021-06-06]. http://www.gov.cn/xinwen/2021-02/28/content_5589283.htm.

一、工业文明向生态文明的转型

20 世纪六七十年代的绿色运动、绿色政治和绿色思潮开启了人们对人类文明转型的理论创新和实践探索,在国际社会促成了可持续发展理念的传播和走可持续发展道路的基本共识。这表明原有的那条工业文明的道路已经接近尽头,人类不能继续按照工业文明时代的模式继续生产。① 工业文明的发展,一方面带来了巨大的物质财富,另一方面也造成了资源浪费、环境污染、生态破坏。这种以对自然资源掠夺为主要特征的发展模式是不可持续的。换句话说,如果人类的行为违背自然规律、资源消耗超过自然承载能力、污染排放超过环境容量,人与自然的关系就会失衡,就会造成人与自然的不和谐。这种高投入-高消耗-高污染的发展方式不仅破坏生态,而且日渐威胁各国人民的生存和发展。正如美国著名社会学家、未来学家阿尔温·托夫勒所认为的:"可以毫不夸张地说,从来没有任何一个文明,能够创造出这种手段,能够不仅摧毁一个城市,而且可以毁灭整个地球。从来没有整个海洋面临中毒的问题。由于人类贪婪或疏忽,整个空间可能突然一夜之间从地球上消失。从未有开采矿山如此凶猛,挖得大地满目疮痍。从未有过让头发喷雾剂使臭氧层消耗殆尽,还有热污染造成对全球气候的威胁。"②因此,人类就必须寻找一条新的发展道路,必须对工业文明形态改弦更张,突破工业文明的旧框架,建设一种新的文明形态,那就是可持续发展的生态文明。

不过,世界可持续发展的进程并不是一帆风顺的。2002 年联合国召开的可持续发展问题首脑会议承认"1992 年里约热内卢会议所确定的目标没有实现"。这意味着我们并没有真正走上可持续发展的道路。"地球仍然伤痕累累,世界仍然冲突不断。"③前者指环境问题仍然十分严重,甚至每况愈下。如海平面上升、森林面积不断减少、超过 20 亿人口面临缺水、每年有 300 多万人死于空气污染影响、220 多万人因水污染而丧生、气候变化影响日渐明显等。后者指世界面临的各类政治、社会问题,包括地区冲突、恐怖主义、霸权主义、跨国犯罪、毒品走私、贫困人口有增无

---

① 金文硕. 马克思主义生态观视域下生态文明建设[D]. 大庆石油学院,2010:4.

② 阿尔温·托夫勒. 第三次浪潮[M]. 北京:生活·读书·新知 三联书店,1983:128.

③ 联合国:约翰内斯堡首脑会议 2002[EB/OL]. [2021-06-06]. https://www.un.org/chinese/events/wssd/documents.html.

减、世界和平和安全受到威胁等。这次会议为全世界的生态保护事业提出了警示，表明可持续发展任务还需要我们继续"负重前行"。同时，人类经济社会发展需要新的探索。

2002 年，联合国开发计划署编写的《中国人类发展报告 2002：绿色发展　必选之路》出版，中国"绿色发展"的理念和"平衡增长"的绿色改革之路首次受到国际社会高度关注。2007 年 10 月中国共产党第十七次全国代表大会召开，胡锦涛同志在报告中明确提出，"要建设生态文明，基本形成节约能源资源和保护生态环境的产业结构、增长方式、消费模式。循环经济形成较大规模，可再生能源比重显著上升。主要污染物排放得到有效控制，生态环境质量明显改善"①。生态文明开始成为中国可持续发展的思想基础。2008 年金融危机发生后，绿色新政、绿色转型、绿色国家受到关注②，绿色发展的生态文明前景日益显现。美国国家人文与科学院院士小约翰·柯布(John B. Cabb, Jr)认为绿色发展是指人类朝着生态文明的方向前行，生态文明的希望在中国。③ 中国的发展以新成就彰显了文明转型的图景。2012 年中国共产党第十八次代表大会要求大力推进生态文明建设，认为"建设生态文明，是关系人民福祉、关乎民族未来的长远大计"，提出"必须树立尊重自然、顺应自然、保护自然的生态文明理念，把生态文明建设放在突出地位，融入经济建设、政治建设、文化建设、社会建设各方面和全过程，努力建设美丽中国，实现中华民族永续发展"，明确要"着力推进绿色发展、循环发展、低碳发展，形成节约资源和保护环境的空间格局、产业结构、生产方式、生活方式，从源头上扭转生态环境恶化趋势，为人民创造良好生产生活环境，为全球生态安全作出贡献"④。这展现了生态文明以新的发展方式、新的政治价值取向取代传统工业文明的转型图景。与此同时，中国积极参与全球治理，为世界贡献中国生态文明建设方案。2013 年 2 月，联合国环境规划署第 27 次

---

① 胡锦涛在党的十七大上的报告(全文)[EB/OL]. (2021-04-23)[2021-06-06]. http://news. sina. com. cn/c/2007-10-24/205814157282. shtml.

② 参见：罗宾·艾克斯利. 绿色国家：重思民主与主权[M]. 济南：山东大学出版社，2012；Todd D Gerarden, Richard G Newell, Robert N Stavins. Assessing the Energy-Efficiency Gap[J]. Journal of Economic Literature, 2017, 55(4).

③ 小约翰·柯布. 生态文明的希望在中国[J]. 人民论坛, 2018(10月下)：20-21.

④ 胡锦涛. 坚定不移沿着中国特色社会主义道路前进　为全面建成小康社会而奋斗[EB/OL]. (2012-11-17)[2021-06-06]. http://www. gov. cn/ldhd/2012-11/17/content_2268826. htm.

理事会通过了推广中国生态文明理念的决定草案,这标志着中国生态文明建设的方案得到了国际社会的认同和支持。2013 年亚太经合组织工商领导人峰会后,中国提出将于 2030 年左右使二氧化碳排放达到峰值并争取尽早实现,2030 年单位国内生产总值碳排放比 2005 年下降 60%~65%,非化石能源占一次能源消费比重达到 20%左右,森林蓄积量比 2005 年增加 45 亿立方米左右。在 2015 年 12 月气候变化巴黎大会上,《联合国气候变化框架公约》196 个缔约方通过《巴黎协定》。这一历史性文件,旨在为 2020 年后全球应对气候变化作出安排,成为全球气候治理史上的里程碑。中国不仅是达成协定的重要推动力量,也是坚定的履约国。2016 年 5 月,联合国环境规划署又发布《绿水青山就是金山银山:中国生态文明战略与行动》报告。中国的生态文明建设理念和经验,正在为全世界可持续发展提供重要借鉴。2017 年 1 月 18 日,国家主席习近平在瑞士日内瓦万国宫出席"共商共筑人类命运共同体"高级别会议,并发表题为《共同构建人类命运共同体》的主旨演讲。中国正以行动成为生态文明建设的示范者、引领者。2016 年,中国碳排放强度比前一年下降 6.6%,远超出当初计划下降 3.9%的目标,保持着应对气候变化的力度和势头。2011—2015 年,中国碳排放强度下降了 21.8%,相当于少排放 23.4 亿吨二氧化碳。中国确定了"十三五"期间碳排放强度下降 18%、非化石能源占一次能源消费比重提高至 15%等一系列约束性指标。2017 年 5 月,联合国环境规划署署长索尔海姆在"一带一路"国际合作高峰论坛上引用"绿水青山就是金山银山"来描绘他心目中的理想图景。2021 年 4 月 22 日,习近平应美国总统拜登邀请,在北京以视频方式出席领导人气候峰会,并发表题为《共同构建人与自然生命共同体》的重要讲话,明确表示"中国承诺实现从碳达峰到碳中和的时间,远远短于发达国家所用的时间"[①]。中国和国际社会在绿色发展和生态文明建设方面所作的探索和努力,正强化和加快着工业文明向生态文明转型发展的趋势,与之相伴的是生态文明观念的形成和传播。

二、生态文明概念的提出

国外生态文明概念的提出,与生态环境问题引发的学术界关于现代工业文明的

---

① 习近平:中国承诺实现碳达峰到碳中和的时间 远远短于发达国家[EB/OL]. (2021-04-23)[2021-06-06]. https://www.chinanews.com/gn/2021/04-23/9461628.shtml.

反思和批判紧密相关。早在 1962 年,蕾切尔·卡逊就以科学家的敏锐观察和深入研究,捕捉到工业文明对人类赖以生存的生态环境的负面影响并出版了《寂静的春天》,系统揭示了 DDT 和其他剧毒农药对生物、非生物和人的危害。1972 年罗马俱乐部《增长的极限》一书正式出版,打破了人们不断追求经济增长的梦想,工业文明的不可持续性成为世界各国共同关注的话题。1987 年,世界环境与发展委员会在《我们共同的未来》中指出,我们面临着全球性的土地沙漠化、森林遭破坏等挑战。巴里·康芒纳(Barry Commoner)在《封闭的循环——人、自然和技术》中则明确指证了人类一直在摧毁地球生命圈,其"最后结果是环境危机,一个生存的危机","我们必须知道如何去重建我们从中借来财富的自然"。人类文明何去何从成为关乎人类和地球生物圈生死存亡和能否持续发展的重大时代课题。不少哲学家、伦理学家、社会学家和未来学家从不同的角度思考人类文明的发展走向问题,并对未来社会提出了很多构想。丹尼尔·贝尔的《后工业社会的来临——对社会预测的一项探索》、彼得·F·德鲁克的《后资本主义社会》等著作的出版,马丁·耶内克、约瑟夫·胡伯关于生态现代化理论的提出和论证……这些学术成果的发布使"后工业社会""后资本主义""生态现代化""生态后现代主义"等试图替代现代工业文明的新概念逐渐流行,对生态文明的提出作出了积极的理论贡献。1995 年,美国罗伊·莫里森(Roy Morrison)正式提出"生态文明"(Eco-Civilization)概念,他在《生态民主》(Ecological Democracy,1995)中呼吁创造一种"生态文明"来取代"工业文明"。

　　国内生态文明概念的提出是在 20 世纪 80 年代中后期。一是吴也显在 1986 年发表的《我国的国情与课程改革》一文中提出要重视"环境教育与生态文明教育";二是叶谦吉先生在 1987 年全国生态农业问题讨论会上提出要"大力提倡生态文明建设";三是 1988 年刘思华教授在《社会主义初级阶段生态经济的根本特征与基本矛盾》一文中,提出"在社会主义初级阶段的物质文明建设中进行生态文明建设"。20 世纪 90 年代,国内生态文明研究逐渐展开,产生了一批有影响的成果。较早并具有代表性的著作是 1999 年刘湘溶教授的《生态文明论》。2001 年江泽民在七一讲话中指出:"要促进人和自然的协调与和谐,使人们在优美的生态环境中工作和生活……努力开创生产发展、生活富裕和生态良好的文明发展道路。"2002 年,党的十六大报告把生态文明作为全面建设小康社会的目标之一。2007 年,中国将生态文明建设写入十七大报告。2012年,党的十八大提出生态文明建设的战略要求,并创造性地将生态文明建设纳入中国特色社会主义总体布局。2017年,党的十九大提出建设生态文明是中华民族永续发展的千年大计,要加快生态文明体制改革,建设美丽中国。

第四节 生态文明的基本内涵、特征和实质

一、生态文明的基本内涵

对生态文明概念的不同理解会影响到整个生态文明的理论建构和实践走向,也会影响对生态文明史本质的把握。关于生态文明的基本内涵,存在四种观点。第一,和谐说。生态文明建设的最终目的是实现人与自然的和谐。叶谦吉认为,生态文明就是人类既获利于自然,又还利于自然,在改造自然的同时又保护自然,人与自然之间保持着和谐统一的关系。这一概念蕴含着人与自然之间互利共生的思想,对我们今天理解和把握生态文明建设仍有重要的启示意义。潘岳认为,生态文明主要指的是人类遵循人、自然、社会和谐发展这一客观规律而取得的物质成果与精神成果的总和,是指以人与自然、人与人、人与社会和谐共生、良性循环、全面发展、持续繁荣为基本宗旨的文化伦理形态。第二,总和说。生态文明是人类所创造的、具有进步意义的全部成果的总和。周生贤认为,生态文明是人类利用自然界、保护自然界、积极改善和优化人与自然关系而取得的物质成果、制度成果和精神成果的总和。欧阳志远认为,生态文明是物质文化进步的最高形态,包含着人类所取得的、标志社会进步的各种成果,是人类在文明发展过程中所取得的各种物质成果、制度成果、精神成果的总和。总和说与成果说和进步说往往相互融合,被共同用来界定生态文明。第三,要素说。该学说以生态文明的要素来界定生态文明,认为生态文明的内涵至少包括四个向度:其一,生态文明的物质文明,即自然环境的美丽、和谐与稳定;其二,生态文明的精神文明,即人是自然的看护者;其三,生态文明的劳动文明,即人与自然之间的物质交换;其四,生态文明的制度文明,即资源节约型社会和环境友好型社会。第四,消费福利说。部分学者从实践操作的层面来界定生态文明,把生态文明与人们的社会福利、粮食保障等紧密联系起来,提出具有较强的操作性和现实意义的生态文明概念。美国小约翰·柯布指出,生态文明是与其自身的自然环境可

持续地联系在一起的,同时能够为它的人民提供基本的安全保障。诸大建认为,生态文明是用较少的自然资源获得较大的社会福利。

现在一般认为,生态文明有广义和狭义之分。狭义的生态文明,仅指人类认识、利用、保护自然生态系统所取得的物质和精神成果的总和,与"五大文明"即物质文明、精神文明、政治文明、社会文明、生态文明中的"生态文明"相对应。广义的生态文明是与工业文明相对应的一种文明形态,是基于工业文明的更高级的人类文明,是人类在生态文明时代创造的、具有进步意义的物质成果和精神成果的总和,包含了人与人、人与社会、人与自然等关系领域协同进化的积极成果。其实质是人与人、人与自然之间关系的和谐共生。其时代内涵是:良好的生态环境是最普惠的民生福祉。其主要含义如下。

1. "认识、保护、建设生态环境",突出了人的主体性及其思想观念变化与进步状态,对生态环境资源的合理开发与科学利用,对相关科学、技术、产业、法制等的发展创新,以及对自然生态环境进行改善建设和对被破坏的生态环境进行治理修复等具体实践活动,并强调了生态文明建设实践活动主体的唯一性。

2. "生态环境自组织协同进化",尊重了自然规律和生态环境规律,强调了生态文明主体的多样性,体现了生态与环境自组织系统内要素(因素)的生存(存在)和相互间的关系状态,生态环境大系统的整体状态及其功能与作用,以及外部条件因素对其施加的影响。亦即,生态环境系统状态是否良好是生态文明进步与否的标尺。当然,这种"良好状态"需要评估和确认。

3. "积极成果",不仅指人类生态环境实践活动的积极成果,体现文明的本质要求,也指生态环境系统自组织协同进化的积极成果,反映生态文明的特质要求。生态文明的本质是人与自然之间关系的和谐程度。所谓和谐程度,是指人与自然和谐相处、共生、发展的程度,它意味着生态文明整体的发展性、建设的过程性以及成果的独立性和整体性。

4. "人与自然之间的和谐程度",不能等同于人与自然界之间的和谐程度或人与生态环境之间的和谐程度,因为自然与自然界、生态环境之间既有联系又有区别。自然在主体方面更具多元性、多样性,生态环境尤其是狭义层面的生态环境则偏重于人(人类)。自然与自然界相比,自然更具开放性,包括要素(因子)的主动性;而自然界则更显整体性、边界性等。

5. 生态文明发展的动力是复合的,其根本动力是生态环境生产力,最终动力是人类的需要。因为"需要是一个体系,劳动者的需要不是纯粹的自然需要",生态环境权益维护和福利诉求,是内含于人类发展的需要。这种需要,是人类生态环境建设或实践活动的最初目的、内在动机和第一动因,也是生态文明发展的最终动力。但这种需要与生态系统、环境系统乃至整个生态环境系统及其资源之间存在阈值效应,超过阈值时就应及时调整和控制。

6. 生态文明既有共同和普遍价值,又有个性和特殊价值。在共同和普遍价值未出现的时代,是冲突最普遍的时代,也是破坏生态、污染环境最严重,人与自然最不和谐的时代。普遍价值分歧最大与普遍程度最小的时代,是冲突最激烈、对峙最严重的时代。生态文明越先进,普遍价值就越大,反之就相对落后。但普遍价值的适用和推广必须具备一定条件和基础,因为生态文明的特殊价值已确立了自己的界限。冲突不是特殊价值所引发,而是普遍价值所导致。

7. 生态文明不仅是一个历史范畴,也是一个政治范畴,具有整体性、独立性、结构性、空间性、发展性、过程性特征。生态文明主要包括生态环境观念、生态环境制度、生态环境实践三个方面。生态环境观念包括生态环境心理、思维、意识、道德、文化等。生态环境制度包括生态环境权力、权利、主体、客体、行为、形式等。生态环境实践从主体角度可分为生态环境人、生态环境组织、国家及地方政府、国际社会等,从空间角度可分为局部实践和整体实践,从过程角度可分为决策、执行、反馈、评价等。在生态环境实践中,尤其要重视的是生态环境主体、生态环境投入、生态环境科技、生态环境产业、低碳经济、生态环境法治、生态环境安全维护等内容。

二、 生态文明的主要特征

1. 实践性与反思性的有机统一

实践性和反思性有机统一于生态文明建设,统一于人们物质和精神的全部实践活动之中。一方面,人与自然的关系始终是贯穿人类实践活动的主线,人类的生存和发展一刻也离不开自然,一刻也离不开实践。另一方面,自然宇宙的无限性和人的有限性之间的矛盾,致使人的实践活动必须在反思中进行。正如物理学家李政道先生所指出的,由于暗能量的大量存在,我们的宇宙之外可能还有很多宇宙。科学只能在有限的系统中寻求真知,对于人类来说,建构一个囊括一切自然奥秘的真理体系只能是一种主观上的抽象。美国生物学家刘易斯·托马斯(Lewis Thomas)认为:"我感觉完全有把握的唯一一条硬邦邦的科学真理是,关于自然,我们是极其无知的。真的,我把这一条视为一百年来生物学的主要发现。"①正因为自然奥秘是无穷无尽的,所以人类活动对自然的干预所引起的较近或较远的后果才难以预料。"当阿拉伯人学会蒸馏酒精的时候,他们做梦也想不到,他们由此而制造出来的东西成了使当时还没有被发现的美洲的土著居民灭绝的主要工具之一"。② 由此,反思便自觉地成了生态文明的本质要素之一。在生态文明的实践活动中,如果缺乏反思,其后果是难以预料的,也可以说,缺乏反思的实践是盲目的甚至是野蛮的。反思具有反复思维与反身思维的双重含义,是思维之对象意识和自我意识的辩证统一。

2. 系统性与和谐性的有机统一

系统性与和谐性的有机统一主要表现在生态文明所谋求的是"自然、人、社会"复合巨系统的和谐发展。自然生态系统包含着"生产者"、"消费者"和"分解者",三者动态互作、整体和谐进而形成一个健康的生态系统。不管人类采用什么方式对生态系统进行分析,生态系统各个要素之间以及生态系统同宇宙其他系统之间的物质、信息、能量的变换总是处在和谐的状态之中,一旦系统与系统之间或者系统与要素、要素与要素之间的和谐变换的链条中断,或者处于不和谐状态,人和自然之间的冲突或对抗就会显露出来。同样,人类社会子系统也由多种要素构成。自然生态系统、社会系统的各自系统性、和谐性及其相互之间耦合协同的系统性、和谐性,推动着生态文明建设的正常运行。

3. 持续性与高效性的有机统一

持续性是生态文明建设的重要原则之一,持续性并不意味着迁就低效性,相反,持续性更追求高效性。因为只有高效地利用自然资源,才能节约资源,从而实现人类社会的可持续发展。要做到持续性与高效性的统一,就必须不断完善生态文明制度的体系建设,通过生态产权、生态税收、资源补偿费、生态核算、生态非正式制度等

① 刘易斯·托马斯.水母与蜗牛[M].李绍明,译.长沙:湖南科学科技出版社,1996:57.
② 马克思,恩格斯.马克思恩格斯选集(第3卷)[M].中共中央马克思恩格斯列宁斯大林著作编译局编译.北京:人民出版社,2012:999.

一系列的制度安排,真正实现粗放型增长方式向集约型发展方式的彻底转型。

4. 规律性与创造性的有机统一

自然、人和社会的演变和发展都有各自的内在规律和相互作用的交往规律,生态文明要追求人与自然的和谐共生就必须尊重自然,遵循自然、人和社会的发展规律并受其制约。同时,规律又是可以被认识的。认识规律的目的在于利用规律,创造人与自然和谐的世界。因此,生态文明建设要坚持规律性与创造性的有机统一。人类只有在尊重自然规律的基础上发挥主观创造性,生态文明的实现才有可能。如果人的创造性违背了客观规律,那么人类今天的行动必将为自己和子孙后代埋下灾难的种子。

三、生态文明的实质

在关于生态文明概念、理念和实质的探讨中,学者们提出了众多对于生态文明实质的表述。例如,卢风等提出,"生态文明是由纯真的生态道德观、崇高的生态理想、科学的生态文化和良好的生态行为构成的"。刘湘溶认为,"生态文明是文明的一种形态,是一种高级形态的文明,生态文明不仅追求经济、社会的进步,而且追求生态进步,它是一种人类与自然协同进化,经济、社会与生物圈协同进化的文明"。总的来说,关于生态文明的实质众说纷纭,仍是认识和把握生态文明的难点之一。我们以为人与自然、人与人、人与社会、人与世界的和谐文明发展才是生态文明的实质。这主要基于以下两点认识和理解。

1. 人与自然的关系是"第一个前提"中的"第一个需要"

在马克思主义创始人的经典著作中,自然、环境等术语十分常见,生态、生态环境、生态文明等未曾出现过,但并不表明马克思主义创始人没有关于生态文明的思想、观点和理论。

关于马克思主义创始人的生态文明观,相关领域内的专家学者或多或少都进行了提炼和概括,且已见诸各类报刊与论著。其中,人与自然的关系是主导,也是重点。如人是自然存在物、人靠自然界生活、人是自然界的产物、人与自然之间的价值对立、人与自然之间的关系调节、自然界是人与人联系的纽带等观点。但我们认为,马克思主义创始人的更大贡献在于确立了人与自然的关系在"第一个前提"中的"第一个需要"的地位。基于对文明本质的认识,马克思主义创始人认为文明是"一切因素间的相互作用"，而且这种"相互作用"是"真正的终极原因"，"说经济因素是唯一决定性的因素，那么他就是把这个命题变成毫无内容的、抽象的、荒诞无稽的空话"。但"全部人类历史的第一个前提无疑是有生命的个人的存在。因此，第一个需要确认的事实就是这些个人的肉体组织以及由此产生的个人对其他自然的关系。当然，我们在这里既不能深入研究人们自身的生理特性，也不能深入研究人们所处的各种自然条件——地质条件、山岳水文地理条件、气候条件以及其他条件。"①对于"其他条件"，马克思在手稿中删去了"这些条件不仅制约着人们最初的、自然产生的肉体组织，特别是他们之间的种族差别，而且直到如今还制约着肉体组织的整个进一步发达或不发达"的表述。这段话告诉我们，马克思主义创始人在阐述个人、种族等与地质、山岳、水文、地理、气候等生态环境因素相互联系、互相影响，以及自然条件在人类历史和文明发展中的作用的同时，还提出了一个长期被遮蔽或被忽视的重大命题，即在确立"第一个前提"的同时，还确认了"第一个前提"中的"第一个需要"，即人与自然的关系。或者说，人类历史，包括文明史中"第一个需要"确认的是人与自然的关系。与此同时，马克思主义创始人还把人与自然的关系及其和解，视为人类面临的两大变革之一和所要达到的两大价值追求之一。这对于我们认识和理解生态文明的本质，以及生态文明在文明体系中的位序有着极为重要的意义。

2. 人与人、人与社会、人与世界的和谐是人与自然和谐发展的前提

人们通常认为文明有三个维度：器物、制度和观念。器物标志着一个文明的生产力水平或技术水平，制度代表着一个文明的社会组织形式，观念则表征着一个文明的世界图景、生活理想和价值追求。生态文明作为超越工业文明的人类文明，首先是生产力和科学技术发展到更高水平、更高阶段的产物，是维护既有文明的制度和观念发生革命性变化的反映。

源于欧洲的现代工业文明实质是资本主义文明，是资本逻辑主导人与人、人与社会、人与世界、人与自然关系的文明。这种文明在器物层面就是大量消耗矿物资源，以机器生产大量工业品，以高投入-高消耗-高污染的生产方式支持贫与富、城与乡、人与人、人与社会、人与世界、人与自然等二元对立的发展方式，使全球日益深陷

---

①　马克思,恩格斯.马克思恩格斯选集(第1卷)[M].北京:人民出版社,2012:147.

"大量生产、大量消费、大量排放"的生产、生活方式。由此,生态环境问题由区域化逐渐转向全球化,环境污染、生态破坏、全球气候变化危及人类生存。这种不可持续的生产、生活方式涉及人、自然、社会,其根源在于资本逻辑主导的资本主义制度。即以资本去推进经济社会各项"事业"的发展,使资本增值、钱生钱变得合理合法,私人占有、贫富分化、阶级固化、征服扩张成为社会的基本特征,形成了对人、自然的双重剥削和压迫。而维护这种双重剥削和压迫、主导这种"资本逻辑"的现代观念则使人们从肉体到灵魂成为资本的奴隶。因此,不从器物、制度、观念层面进行系统的变革,人与自然和谐共生的生态文明难以实现。正如有学者所指出的:"超越了工业文明的生态文明,必须谋求社会的和谐、均衡、全面、可持续的发展,这种发展既不能只以物质财富的增长去衡量,也不能只以经济增长去衡量,还必须以人际关系是否和谐、自然生态是否健康以及文化(狭义)是否繁荣去衡量。"①

事实上,现代生态环境问题的根源在社会、在人心,现代工业文明的"病根"也在维护资本逻辑主导的资本主义制度和被资本浸染了的人心。变革工业文明,创造生态文明既需要变革生产方式、发展方式,也要协同推进不适应的制度变革,不断创新和传播新的文明观念,使适度消费、绿色消费和低碳生活成为绿色低碳循环产业发展的方向,以共建共享消除二元对立,促进美丽中国、美丽世界的形成。

对生态文明的由来、概念、内涵、特征、实质与可持续发展战略的诞生和意义的准确把握,有助于正确认识和利用生态文明建设的客观规律,避免产生理论上的误区和实践中的盲动。

学习思考

1. 生态文明的基本内涵和实质是什么?

2. 可持续发展战略的主要内容和意义是什么?

阅读参考

[1] 赵其国,黄国勤,马艳芹. 中国生态环境状况与生态文明建设[J]. 生态学

---

① 卢风. 关于生态文明与生态哲学的思考[J].内蒙古社会科学:汉文版,2014(3):6.

报,2016,36(19):6328-6335.

[2] 黄勤,曾元,江琴. 中国推进生态文明建设的研究进展[J]. 中国人口·资源与环境,2015,25(2):111-120.

[3] 赵清文. 生态危机、生态安全与生态文明——应对全球生态危机视野下的生态文明建设[J]. 伦理与文明,2014(1):197-204.

[4] 谷树忠,胡咏君,周洪. 生态文明建设的科学内涵与基本路径[J]. 资源科学,2013,35(01):2-13.

[5] 余谋昌. 生态文明:人类文明的新形态[J]. 长白学刊,2007(2):138-140.

[6] 潘岳. 论社会主义生态文明[J]. 绿叶,2006(10):10-18.

[7] 俞可平. 科学发展观与生态文明[J]. 马克思主义与现实,2005(4):4-5.

[8] 曾繁仁. 当代生态文明视野中的生态美学观[J]. 文学评论,2005(4):48-55.

[9] 申曙光. 生态文明及其理论与现实基础[J]. 北京大学学报:哲学社会科学版,1994(3):31-37+127.

[10] 李龙熙. 对可持续发展理论的诠释与解析[J]. 行政与法,2005(1):3-7.

[11] 刘培哲. 可持续发展——通向未来的新发展观——兼论《中国 21 世纪议程》的特点[J]. 中国人口·资源与环境,1994(3):17-22.

[12] 马军,朱庆文. 我国土地荒漠化危害·成因及其防治对策[J]. 安徽农业科学,2007(32):10445-10447.

[13] 曲晴.《2006 年中国环境状况公报》公布[J]. 环境教育,2007(6):42-43.

[14] 2018 年《中国生态环境状况公报》(摘录二)[J]. 环境保护,2019,47(12):50-55.

第二章
生态文明的科学基础和人文思想

作为对当代生态环境问题的回应和满足人们生态需要的未来文明样态的生态文明并非一种虚幻的生态乌托邦想象，而是具有科学基础和人文思想准备的科学理论。这主要体现在其坚实的如博物学、现代生态学等自然科学基础以及基于不同时空场域的丰富的理论准备上。

第一节　生态文明的科学基础

生态文明的科学基础具有多学科性，它是近现代博物学、生物学、生态学、系统科学等自然学科交叉融合、实现跨学科发展而形成的。因此生态文明是由不同科学的知识、理论和方法耦合而成的新思想。同时，生态文明的产生和发展不仅与这些科学的精进有着直接的联系，而且其思想内涵的丰富和理论水平的提升需要与科学发展协同共进。

一、博物学传统

博物学是人类在认识自然时形成的一门历久弥新的科学，其历史在西方可以追溯至古希腊，在我国可以追溯至先秦。从广义上讲，博物学派生出了诸多现代科学，如生物学、动物学、植物学、矿物学、天文学、地理学、生态学等。17世纪以来，经济社会不断发展，科学技术不断分化，博物学在近现代的西方世界同样经历了兴衰和分化，但由于人与自然关系的演变与社会发展的需要，博物学的科学传统和文脉仍旧得到了传承和发扬。

博物学在早期也被称作"博物志"，来自拉丁语"historia naturalis"，其意为对自然万物的探究、记录或是描述,即在时间相对固定的情况下,对一定范围事物的某种记录。现在博物学多指在宏观层面对动物、植物、矿物、生态系统所进行的观察、描述、分类。博物学与数理科学、控制实验、数值模拟并称为自然科学研究四大传统,作为其中最为古老的传统科学,博物学涵盖了当今天文地理、地质气象、生物生态等诸多学科的部分内容。尽管其学科地位受近现代科学范式转变和学科分化的冲击而未能像生态学那样成为一门显学,但从科学传播学和大众科学的角度看,由于其同普罗大众的联系更加紧密,因而应优先进行传播。

从文艺复兴至今,西方博物学的发展大致可分为三个阶段。

第一阶段是从文艺复兴到 16 世纪,可称为近代博物学的兴起阶段,该时期的博物学尚不同于日后以观察、描述和分类为主的博物学,其特点是从属于人文主义的百科全书式写作传统。该阶段的博物学著作的文学性远胜于科学性,且通常蕴含着极为丰富的人文关怀并具备相当程度的伦理色彩。譬如康拉德·格斯纳(Conrad Gesner)的著作《动物史》不仅对当时几乎所有已知动物的外形和习性进行了详细的描写并配备了精美的插图,还提及了某些现实动物及幻想生物的传说、寓言和道德意象。

第二阶段是 17 世纪,该阶段数理实验科学蓬勃发展,相比之下博物学则稍显颓势,进入了一个承前启后的过渡阶段。一方面,博物学家继承了博物学兴起时期百科全书式的写作传统,未建立起专业的博物学研究范式,其著作也保留了一定程度的道德教化功能;另一方面,又出现了独立学科倾向和脱离道德教化功能的趋向:一是从事博物学研究的人群与从事植物学研究的人群高度重合,主要包括药用植物学学者、负责教授植物学知识的宫廷教师、律师、法官和僧侣等;二是就博物学作为一门具体科学而言,其前期材料的收集和鉴别工作已经较为完备,对化石问题的研究又引入了变化的概念和时间性维度,博物学开始走向"自然史"研究;三是受数理科学实验革命的影响,博物学研究手段由起初的手绘技术和标本制作逐步转变为科学实验。

第三阶段是 18 世纪,该阶段博物学成为一门由植物学、动物学和矿物学组成的独立科学学科,博物学家构建了专业的博物学研究范式,并建立了诸多博物学研究机构和其他专业团体;此时博物学家们不断为自然祛魅并消解自然的道德意象,百科全书式的人文主义写作传统被严肃客观的理性主义所取代,博物学研究也因此不再具备伦理色彩。

博物学有着悠久的历史,它起源于人们日常生活中产生的正常欲望和自然需求,是人在认识自然过程中自发的产物,而非现代部分人所诉求的不正当欲望。博物学所包含的丰富的生态学知识为生态文明的产生奠定了科学的理论支撑。但并非所有类型的博物学研究都有助于保护生态环境。部分博物学研究中对研究对象的采集手段包括挖掘、猎杀乃至偷盗等,所产生的影响同样恶劣。因此,生态文明倡导的是侧重于观察、感受、欣赏和追求与自然共生的博物学,而非热衷于猎奇、发现新物种并试图将自然珍宝据为己有的博物学。①

二、 现代生态学基础

生态学(Ecology)的概念最早由德国博物学家恩斯特·海克尔(Ernst Haeckel)于1866年提出,他将生态学界定为研究生物有机体与其周围环境(包括生物环境和非生物环境)相互关系的科学。"Ecology"一词源于希腊文,是由oikos(房屋、住所)和logos(道理、理论)组成的复合词,意即研究生物居所的科学,也就是研究生物及生物所在地关系的一门科学。"生态学"一词被提出的一个多世纪以来,"生态学是研究生物及其环境关系的科学"这一理论已被学界广泛接受。多年来,生态学的发展不仅逐步扩大了其研究域,而且在不同尺度上揭示出了生物与环境普遍联系的多样性。现代生态学则以生态系统生态学为基础,同时也以此加深对个体生态学和种群生态学、群落生态学的多维度发展。在多维研究的推动下,现代生态学像许多自然科学一样,形成了由定性到定量、由静态描述到动态分析、由简单向多层次综合研究的新趋势(参见图2-1)。

生态学揭示和展现了生物与生物、生物与环境之间相互影响、彼此联系并连接为一个生态共同体的自然图景,为人类重新认识自然界和自然万物、认识人类自身与自然的多层关系奠定了理论基础。第一,食物链和生态位等概念的提出改变了人们对自然的认识,人们可以从科学的角度出发,对个体或物种的价值予以道德层面的肯定。第二,生态学的发展使人类能够以科学的方式去研究自身和自身在生态系

---

① 王国聘,曹顺仙,郭辉.西方生态伦理思想[M].北京:中国林业出版社,2018:35-39.

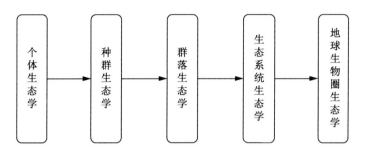

图 2-1 生态学发展的阶段和趋势

统中的地位,人类不再被置于自然之外甚至自然之上,这是一个极为重大的进步。第三,生态学的发展促使哲学和伦理学等人文社会科学产生了新的分支,即生态哲学和生态伦理学,这些人文学科的发展又反向拓展和深化了生态学的研究。①

生态文明建设需以生态学原理构建一种具备生态系统优点的人类新文明。著名生态学家马世骏曾总结出三条最为重要的生态系统原理,其核心要义如图 2-2 所示。

基于生态系统原理,循环经济是生态文明建设的又一重点。通常情况下,循环经济需要遵从 "3R"原则,即减量化(Reduce)、再利用(Reuse)和再循环(Recycle)原则。再循环原则亦即上文所述物质循环再生原理,它将生产生活中所谓的"废弃物"重新投入物质循环之中,然后再依据多层次利用原理,将可以再次利用的生物能取出利用。以农业为例,曾经秸秆通常被用作燃料或在田间直接烧毁,禁烧秸秆后秸秆通常返回农田作为沤肥原料或是被直接丢弃,但随着生物技术的发展,秸秆已经成为制取生物乙醇的重要原料,实现了"废物"再利用。减量化原则偏重于能源适度消耗,是绿色发展的基本前提。能源利用率是减量化原则的重要指标,实际投入成本高于应当投入成本、实际产出低于可得产出,均不满足减量化原则。减量化原则不仅应在循环经济中坚持,在其他经济模式中同样极为重要。②

总之,生态学尤其是现代生态学的发展,促使当代哲学转向了相互依存、相互联

---

① 王国聘,曹顺仙,郭辉. 西方生态伦理思想[M]. 北京:中国林业出版社,2018:39-45.
② 钱易,何建坤,卢风. 生态文明十五讲[M]. 北京:科学出版社,2015:211-212.

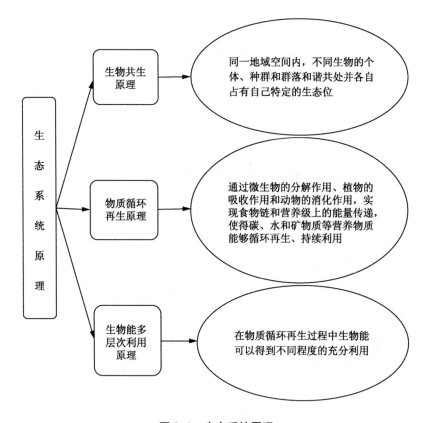

图 2-2　生态系统原理

系的生态哲学,促使伦理学在尊重生命个体的同时转向了万物自我实现又同为一体的生态伦理学。与此同时,生态学不再仅是生物学的分支,而是成为当代最具有思想活力和发展前景的一门独立的自然科学,成为一种兼具自然观、世界观和方法论特征的时代显学。在生态学和生态哲学的指导下,人类日益丰富的生态实践活动和日趋完善的生态文明建设为人类开启了一个新时代——生态文明时代。

三、系统科学与复杂性科学

系统科学(System Theory)和复杂性科学(Complexity Science)是两个相互关联又有着不同诞生背景、研究对象、研究内容和科学性质的概念和范畴。但他们共同为生态学提供了丰富的理论基础和独特的思维方法,为促进生态学的现代转向作出了不可磨灭的贡献。

就科学发展而言,复杂性科学的兴起与系统科学密不可分,系统科学先于复杂性科学而诞生,复杂性科学则是系统科学发展到第三阶段的必然趋势。一般系统理论(General System Theory)、控制论(Cybernetics)、信息论(Information Theory)等现代系统理论的创立意味着系统科学的诞生,其形成和发展可以分为三个阶段:第一阶段,20 世纪 20 至 60 年代,即系统科学的产生阶段,此时部分早期现代系统理论开始出现;第二阶段,20 世纪 70 年代,耗散结构理论(Dissipative Structure)、协同学(Synergetics)、超循环理论(Hypercycle Theory)和自组织理论(Self-Organizing Theory)的提出,意味着系统科学步入发展阶段;第三阶段,20 世纪 80 年代至今,系统科学的理论架构日益完善并得到了进一步发展,在这一阶段,以混沌、分形为核心的非线性科学(Nonlinear Science)与人工智能、人工生命等理论逐渐趋同于"复杂系统"的研究,直接促进了兼具综合性学科和交叉学科特征的"复杂性科学"的诞生。[①]

20 世纪 80 年代之后,复杂性科学理论作为一种新兴的边缘科学理论,开始在科学界崭露头角,并逐渐发展成为当代科学研究的最前沿领域之一。它与生态科学之间的关系也较为密切,譬如生态学中的生态系统同样是复杂性科学的重要研究内容,而且复杂性科学的出现及发展为生态科学的发展提供了理论支撑和研究方法的借鉴,为生态可持续的长远发展奠定了基础。

学术界通常认为复杂性科学具有阶段性发展的特征。金吾伦教授以研究对象为基点,将复杂性科学的发展划分为三个发展阶段:第一阶段以一般系统理论为代表;第二阶段,以耗散结构理论、协同学、超循环理论、突变论(Catastrophe Theory)为代表;第三阶段,以圣塔菲学派复杂适应系统理论(Complex Adaptive Systems)为代表。复杂性科学理论认为:如果开放系统的外部异常输入超过系统自我均衡的阈值,系统内部就会通过各种形式的协同作用实现要素的重组,形成新的有序结构,以适应变化的环境。[②] 为了克服还原论科学的局限性,系统科学和复杂性科学均将整体论作为自身的方法论。与经典科学的传统分析范式相比,它们均全面研究系统的

---

① 王国聘,曹顺仙,郭辉.西方生态伦理思想[M].北京:中国林业出版社,2018:45-51.
② 尚晨光.生态文化的价值取向及其时代属性研究[D].北京:中共中央党校,2019:56.

整体性质和行为特征，是属于同一范式指导下的不同科学形态。可以预见的是，复杂性科学将随着科学的综合发展趋向而日益倾向于促进知识统一并逐渐消除所谓的科学与人文的对立。[①]

总的来讲，牛顿以来的物理科学通常以一种机械的方式看待事物之间的联系，认为世间万物都受因果关系主导和支配。近代物理科学家们通过对人和自然环境之间的关系进行分析，拒绝承认两者之间存在有机的联系，认为外在的自然世界仅仅是人们可以根据自己的需求随意进行控制和支配的对象，整个世界也不过是受到固定规律支撑的"大型机器"。然而复杂性科学理论从整体的有机协调的角度来展开对复杂系统的分析，形成了一种与近代物理科学不同的世界观。这种研究范式更为强调生物和它的生存环境之间相互影响的关系，指证了同为生物种群，人类与生存环境同样也是相互影响、有机联系的。在这个过程中，外在的自然环境制约着人们的各种行为，同样人们的生产和生活活动也影响着外在的环境。[②]

第二节　生态文明与中国传统生态智慧

中华民族五千年瑰丽的传统文化积淀了极为深厚的生态文化底蕴，为我们创建生态文化、建设生态文明提供了丰富的精神资源。在数千年绵延不断的文明进程中，儒释道共同构成了中国传统文化的主体，他们各自构建了独特的生态文明理论并据此展开实践。这些思想和实践为实现生态文明提供了独具中国特色的理论基础、文化传承和重要借鉴。[③]

一、"天人合一"的儒家生态文明思想

在中国传统儒家的世界观中，世界是由天、地、人构成的一个有机整体。孔子所作《易传》以天、地、人构建了秩序井然的"三才"体系。天地人三者，一方面各有各的规律和特点；另一方面，三者之间又存在着紧密的联系。《周易·乾卦》云："夫大人者，与天地合其德，与日月合其明，与四时合其序，与鬼神合其凶。"也即是说：在天、地、人三者的关系中，人应当充分认识自然规律，并以自然规律为准绳，顺天应时，最

---

① 王国聘,曹顺仙,郭辉. 西方生态伦理思想[M].北京:中国林业出版社,2018:49.
② 尚晨光. 生态文化的价值取向及其时代属性研究[D].北京:中共中央党校,2019:57.
③ 王舒.生态文明建设概论[M].北京:清华大学出版社,2014:56.

终达到人与自然相通、天地人三者和谐的境界。但这种顺应并非盲目的屈从和消极的应对，而是意识到人与自然规律在其本质上相通合，即"与天地相似"之后，采取积极的态度"与时偕行"。[①]

儒家"天人合一"思想集中体现了中国传统文化中的人际关系和谐、社会发展有序的生态智慧。"天人合一"学说强调的是天（自然）与人之间相互影响的关系。"天人合一"学说认为，自然是人类的生命起源和根本所在，如父如母，所以人类应当尊重自然。《论语·阳货》说："天何言哉？四时行焉，百物生焉，天何言哉！"四时运行，百物生长，人类生存，都与天的关系极为密切。天生万物所说的"生"字，既有产生、创造之意，亦有养育、养活之意，充分肯定了"天"对于人类的重要意义。孔子主张"畏天命"和"知天命"。"畏天命"就是对自然界的与生俱来、不可僭越的敬畏；"知天命"就是对这种"天命"的认知。荀子说："天地者，生之本也。"天地是万物之本，是创造的本身，因此他主张人的生命活动应该遵循大自然的演变秩序："万物各得其和以生，各得其养以成，不见其事而见其功。"[②]

儒家的"天人合一"思想是以天人一体的整体观为基础，将自然秩序与社会秩序贯通一体。也就是说，儒家的"天人合一"思想，不仅是一种世界观、宗教观和道德观，同样是一种以政治观为表的生态观。它要求人类社会秩序如自然生态秩序般有条不紊、并行不悖。"天人合一"思想在生态学领域的基本诉求，主要包括以下三个方面。

第一，"唯人为贵"。在儒家天人合一思想中，人与天地间其他万物都是天地运行中不可或缺的一个环节，从这个角度来讲，人与万物一体，具有同一性，但并不意味着万物与人齐同。"水火有气而无生，草木有生而无知，禽兽有知而无义。人有气、有生、有知亦且有义，故最为天下贵也"。荀子认为，人气、生、知、义兼备，乃是世间最为尊贵的物种，而人与万物最大的区别在于义，亦即董仲舒所认为的"唯人独能为仁义"。荀子、董仲舒所谓人独有之"义"，即如今所谓的道德性，人之所以为人，在于人类拥有道德认知和道德判断能力。尽管在天、地、人"三才"系统中人处于从属

---

① 郇庆治,李宏伟,林震.生态文明建设十讲[M].北京:商务印书馆,2014:59.
② 陈金清.生态文明理论与实践研究[M].北京:人民出版社,2016:93-94.

地位,但在万物系统中人具有主体地位,亦即除却自然本身,人在自然系统中处于支配地位,这也是人能与天、地并列的重要因素。但不同于后世持有类似主张的人类中心主义,儒家主张人类拥有支配地位并非为了贬低其他生物的价值从而为人类对自然的破坏行为进行辩护,恰恰相反,儒家正是通过强调人类具备独特的道德属性来敦促人类践行道德实践、实现道德价值。①

第二,"仁民爱物"。"仁"是孔子思想的核心,是儒家学说中至高的善。孟子将孔子的"仁者爱人"发展到"仁民爱物",由此将对人的仁爱扩展到物。对此,董仲舒进一步解释为"质于爱民,以下至于鸟兽昆虫莫不爱"。这就是说,道德关怀的对象不仅仅是人,而且包含着物,并且明确指向了其他生灵。儒家这种对人类以外的万物生灵的道德关怀,其实质上是将仁爱的对象由人际向种际扩展。② 但需要注意的是,儒家对万物生灵之爱是有差等的,王阳明认为草木、禽兽、人同为爱的对象,却需要以草木养禽兽、以禽兽宴宾客,恰如手足头目同为躯体,手足却要护卫头目,乃是"良知上自然的条理"。儒家的爱有差等,既不悖食物链的自然规律,又暗合以适度为准绳的"中庸之道",这种生态保护的伦理观念,仍然是以"仁"作为价值诉求的仁爱之心的具体体现,表征出儒家伦理文化的现实关怀与经世致用之心。

第三,"民胞物与"。《西铭》说:"乾称父,坤称母,予兹藐焉,乃混然中处。故天地之塞,吾其体;天地之帅,吾其性。民,吾同胞;物,吾与也。"张载把天、地、人比作一个家庭,确立了人在宇宙中的地位,天为人父,地为人母,君主为人兄长,百姓为人同胞,万物为人同类。他将天地作为人之父母,人类对自然的敬畏之情便有了道德基础和情感来源,人类顺天应时也便有了伦理纲常的支撑:天地自然乃生人养人之父母,人便需要如侍奉双亲一样奉养天地,作为子女的人不能违背作为父母的天地自然的意愿。在张载看来,"天地之心,唯是生物",天之所求无非化生万物,"于时保之,子之翼也;乐且不忧,纯乎孝者也",保护好天地万物是作为子嗣的人应当为作为父母的天地自然分忧之事,既合乎天道亦合乎孝道。因此人必须做到"合内外,平物我",爱惜万物生灵,参赞天地化育,平等看待万物,方能达到与天同一的境界。③

---

① 乔清举. 儒家生态思想通论[M]. 北京:北京大学出版社,2013:276-283.
② 贾卫列,杨永岗,朱明双,等. 生态文明建设概论[M]. 北京:中央编译出版社,2013:152-153.
③ 刘经纬,等. 中国生态文明建设理论研究[M]. 北京:人民出版社,2019:73-74.

总的来说，"天人合一"思想有机地体现了儒家的生态伦理倾向，尽管其"唯人为贵""仁民爱物""民胞物与"的主张中有部分思想仍有其局限性，但不可否认其中诸如"爱有差等""物吾与也"等思想对现如今生态伦理学的发展和生态文明建设仍有着重要的借鉴作用。[①]

二、"道法自然"的道家生态文明思想

在中国传统文化中，道家更追求人与自然和谐，一句"人法地，地法天，天法道，道法自然"道尽了数千年来道家对生态和谐的不懈追求。其中"人""地""天""道"构成了位格依次升高的四"大"——"道大、天大、地大、人亦大"。"道"乃四"大"之先，是道家思想的核心概念，是不知其名的终极真理，是先于万物——人、地、天而生，并对万物予以创造的始源与根据，也就是庄子提出的"物得以生谓之德"。[②] 老子提出："道生一，一生二，二生三，三生万物"，"道"从原本混沌寂寥、不可名状的状态逐渐演化出"一"并进而分化出阴阳二气，阴阳二气合于一、冲而生三，进而生成世间万物。"道"并不明确指向任何具体意象，而是以一种超然的形象出现，天地、众生、万物莫不循道而生、循道而行、循道而死，而世间万物尽管各具其形，却"冲气一焉"，究其本质皆与道合。

老子首次提出了"自然"这一哲学范畴："人法地，地法天，天法道，道法自然"，老子所谓之"自然"，非后世所指的形而下的、实在的自然界，而是一种形而上的"自然而然"的状态，道法自然也即是说人类需以"道"为准绳，循道而行，顺其自然，因为"道"是天地母，是万物母，是一切存在的根据和最终归宿。老子还认为"天地不仁，以万物为刍狗；圣人不仁，以百姓为刍狗"，自然界的一切事物，无论是山川草木之死物，还是风雨雷电之气象，或是鱼虫鸟兽之属，乃至黎民百姓王公大臣在内，莫不是阴阳造物自然所生，于天地而言并无差等，亦无贵贱之分。在道家看来，天地自然、四时运行与万物生长皆是有规律可循的，这种规律的运行和变化超越了人的主观意志，不以人的意志为转移。相反，所谓"人法地，地法天，天法道，道法自然"，人道不仅不可拂逆自然之意，更要做到顺应天道，自然无为。[③] 需要注意的是，道家所主张

① 王舒. 生态文明建设概论[M]. 北京:清华大学出版社,2014:59-60.
② 贾卫列,杨永岗,朱明双,等. 生态文明建设概论[M]. 北京:中央编译出版社,2013:150.
③ 王舒. 生态文明建设概论[M]. 北京:清华大学出版社,2014:59.

的自然无为并非消极对待、什么都不做,而是要做到不妄自行动,顺天应时、自然而然,最终做到"无为无不为",也即老子所期待的"为而不恃""为而不争"。在道家看来,人们唯有处于自然而然、无为无不为的状态,天地万物才能处于本然的圆满自足状态,才符合"道法自然"的根本要求。

庄子同样认为道的先验性决定了万物的平等性:万物皆循道而生,尽管各具其形,但究其本质均与道相合,并且循道而行,因而"以道观之,物无贵贱"。庄子不同于儒家"唯人为贵"的主张,不赞成赋予人独特的道德品性并寄期望于人据此践行道德实践活动,而是从根本上否定了人类在自然界中处于支配地位。他认为倘使站在道的角度来看世间万物,那么万事万物并无高下之分、贵贱之别,道对天下万物是一视同仁的。也即是说物我同一,世间万物与人既是平等的,又各有其独特的、不可替代的价值与尊严,因此一切事物也应当受到与人相同的尊重和对待。"鱼处水而生,人处水而死。彼必相与异,其好恶故异也"。三生万物而万物各具其形,各有其偏好。当今生态伦理学认为,即便处于同一环境下,不同生命个体从环境中获得的反馈是不同的,有正向反馈亦有负向反馈,正是这种不同的工具价值效应彰显了人与其他生物在生态系统中处于平等地位。[①]

此外,道教作为中国本土宗教,以道家黄老之学为基础,承袭道家的寡欲观,倡导返璞归真、顺其自然的生活方式和价值取向,其生态思想在一定程度上与道家生态思想保持了一贯性和连续性。道教继承了老子的宇宙观,以"道生万物"的视角关注人与自然、人与其他生灵之间的关系,构建起"道法自然"的生态伦理观,并且逐步发展为"崇尚自然,顺应自然""物无贵贱,万物平等""善待万物,尊重生命"等一系列生态伦理原则。[②]

首先,在道教看来,人同万物皆由道所生,并共同组成了自然界。需要注意的是,道教所谓的"自然"有两层含义,既指老子所说的那种形而上的"自然而然"的自然,又指在魏晋以后对形而下的、实在的世界的概括。道教将人、自然乃至社会都看作一个同构互感的有机整体,并提出了"天地人本同一元气,分为三体"的论断。他

---

① 刘经纬,等.中国生态文明建设理论研究[M].北京:人民出版社,2019:77.
② 殷明.道教戒律中的生态伦理思想探析[J].宗教学研究,2008(02):190-193.

们认为只有将人的理性与"天地"的自然本性相合,顺天应时,用之以度,才能真正构建人、社会和自然之间的良性循环。其次,道教贵人重生的伦理思想使得道教形成了积极乐观的人生观和价值观。同儒家"亲亲而仁民,仁民而爱物"的伦理学道德关怀对象的扩展类似,道教也将对人的生命的尊重扩展到了对自然界万物生灵的热爱上。在道教看来,自然界中的生灵各有造化,均是循天道而行,于人无碍,与人无二,人自当与其和谐相处:"野外一切飞禽走兽、鱼鳖虾蟹,不与人争饮,不与人争食,并不与人争居。随天地之造化而生,按四时之气化而活,皆有性命存焉。"此外,道教同样十分重视自然界的和谐和生态平衡。《太平经》就认为,万物中和则气得,自然界的万物因此也能得到滋养和生长。最后,道教认为,天地万物都是来自"道":"一切有形,皆含道性"。万物秉道而生,"道"予万物以各自的本性,并赋予万物循道而行、自然生长的权利。于人类而言,不仅自身需要遵循道赋予人的本性而发展,更要尊重"道"赋予其他生命的本性和道本身。正如《阴符经》所云:"观天之道,执天之行",人类应当顺天道、守天道,无为而治,任宇宙万物自然发展。①

"道法自然"体现了道家生态伦理中尊重自然、崇尚自然和顺应自然的行为准则,也对当今生态学的发展和生态哲学、生态伦理等人文社会科学的理论发展提供了丰富的理论基础和深厚的历史积淀。

三、"众生平等"的佛家生态文明思想

佛教与基督教、伊斯兰教并称世界三大宗教,形成于公元前 6 世纪至公元前 5 世纪的古印度,于东汉时期传入我国,经过长期传播与发展,逐渐形成了佛教八宗,其实质在于完成了古印度佛教或是原始佛教的中国化改造,使佛教理论与中国传统文化相互交融,并成为中国传统文化的一部分。同样,自魏晋南北朝以后,中国传统文化也不可避免地带上了佛教文化的影响印记,儒释道三教合流已经成为中华文化的发展主流。

不同于其他宗教或哲学的创世说或起源说,缘起论是佛教独特的世界观,也是佛学思想的哲学基础。所谓"缘起",即现象界的种种事物都不是独立存在的,而是由因缘聚合而成。"诸法因生者,彼法随因灭,因缘灭即道,大师说如是。"万物由因

---

① 郇庆治,李宏伟,林震.生态文明建设十讲[M].北京:商务印书馆,2014:61-63.

缘而生,由因缘而灭,"因"即生果的直接内因;缘则是外在的、起辅助作用的间接原因。在佛教看来,世界上没有任何东西能够在没有因缘的情况下独立产生和存在。世间万物如一张错综复杂的因果网络,将世界包含其中又与世界结为一体。正是基于这种独特的世界观,佛教构建了颇具特色的人与世界关系的生态观。

在佛教看来,由于现象的世界是因缘起故,世间万物"此有故彼有,此生故彼生,此无故彼无,此灭故彼灭"。也就是说,宇宙万物皆是相互依存、紧密联系且互为因果的,万法依因缘而生灭。因此,佛教认为人与人、人与动物、人与植物,同样依因缘而生,因因缘而灭,万物之间相互依存,紧密联系且互为因果。[①] 佛教将自然界万物划分为感性生命和没有情感的生命。前者如人、如鸟兽鱼虫等生灵,被称作"有情众生";后者如山川草木、如桌椅房屋等,被称作"无情众生"。与儒、道将道德关怀对象由人扩展至其他生灵相类似,佛教同样随着中国传统文化的演进而将其道德关怀对象"众生"的内涵和外延不断扩展,由"有情众生"拓展到兼具"有情众生"和"无情众生"的世间万物。例如,"青青翠竹,尽是法身;郁郁黄花,无非般若"。

佛教对生命的关怀主要体现在对众生的慈悲上。因此,在"众生平等"的基础上,人类善恶的评判标准就是对生命的态度。杀生是最大的恶,不杀生而选择放生和护生才是最大的善,即爱护生命、保护生命是佛教"善"的最高标准。随着时代的发展和佛教影响力的日益壮大,放生队伍也开始不断壮大,同时伴生了某些形式化的放生行为,放生者急功近利,简单地认为放生就能修功德,其目的通常在于消灾禳祸、添财增寿,其行为往往重迹而轻心,其后果对个人来说,是浪费了钱财和资源;对社会来说,不正确的放生行为可能对放生物本身和当地生态环境造成恶劣的影响,反而造成更大杀孽。《梵网经》中说:"若佛子以慈心故,行放生业",也就是说放生是为了培养人们的"慈悲"之心,因此放生者必先要了解放生的目的和不杀生、护生的道理,这样才能真正达到"护生"的目的。

"众生平等"阐述了佛教的生态伦理思想,阐发了一种爱护生命、尊重生命的理论。佛教戒杀、素食等教规教律以及放生、护生的倡议,对于保护动物、保护生态环

---

① 陈金清.生态文明理论与实践研究[M].北京:人民出版社,2016:120.

境有着直接的积极作用。①

第三节　生态文明与西方生态思想的演变

两次工业革命以后,随着科学技术的发展和社会生产力的提高,人类干预自然的能力越来越强,规模也逐渐扩大。与此同时,人类的工业化进程使得自然界受到的污染与破坏日益严重,其负面影响不仅威胁着生态系统的稳定与安全,同样也威胁到人类自身的生存和发展。在这一背景下,西方世界开始关注生态问题,反思工业文明,并尝试挖掘生态危机产生的根源,提出解决生态危机的方略,由此形成了声势浩大、蔚为壮观的生态运动。与之相伴随,西方生态思想开始孕育、发展和成熟。它从学界到民众、从边缘到中心、从理论到实践,逐步成为当代西方最具影响力的思潮之一。西方生态思潮的蓬勃发展改变了人们思考问题的传统模式,引发了伦理学、政治学、经济学等诸多学科思维方式的变革;从理念、制度、政策等层面揭示了当代资本主义社会存在的问题,促使西方资本主义国家对科学技术的发展方向及政治制度等做出调整;引起了人们对生态环境问题的重视,为实现人类的可持续发展作出了一定的贡献,并且反映和推动了人类社会由工业文明向生态文明的转型。②

一、人类中心主义的生态思想

《韦氏第三版新国际英语词典》将人类中心主义(Anthropocentrism)概括为三个含义:第一,人是宇宙的中心;第二,人是一切事物的尺度;第三,根据人类价值和经验解释或认知世界。③ 我国学者余谋昌认为,人类中心主义就是一种以人为宇宙中心的观点,它的实质是:一切以人为中心,或一切以人为尺度,为人的利益服务,一切从人的利益出发。

人类中心主义曾以四种面孔在西方文明中出现并广为流传(参见图 2-3)。

其中,自然目的论是西方历史最为悠久的人类中心主义理论。其核心观念是:人"天生"就是其他存在物的目的。古希腊哲学家亚里士多德便持有此种观点,他举例说,正如植物正是为喂养动物而存在,动物也是为人能饱腹而存在,自然绝不会漫

---

① 王舒.生态文明建设概论[M].北京:清华大学出版社,2014:61-63.
② 陈金清.生态文明理论与实践研究[M].北京:人民出版社,2016:132.
③ 单桦.从人类中心主义到生态中心主义的权利观转变[J].理论前沿,2006(09):19-20.

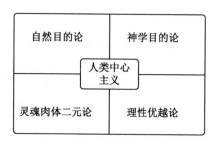

图 2-3　人类中心主义四大理论流派

无目地地创造出诸多生灵和死物,而大自然的所有造物无疑均是为了能够为人提供便利而存在的。这种较为原始的自然目的论隐含的道德判断是:动物、植物乃至一切自然造物均是因人而存在,其存在目的只是为人所用,因而人类对除人以外的所有动物、植物和无生命的自然客体均不负有道德义务和道德责任。

不同于自然目的论者,在基督教看来,世间的一切都是由上帝创造的:在上帝的诸多造物中,人无疑是最为特殊的那个——唯有人是上帝按照自身形象创造的生命,审判日到临之时,也唯有人才有可能获得永恒的救赎。正是基于这种世界观,基督教认为人的地位天生高于其他上帝造物,是一切上帝物的领袖,因此其他生命也应当如人侍奉上帝那般服务人类,人对自然和自然界中其他存在的统治和支配地位也是绝对的、无条件的。

在信奉灵魂与肉体二元论的笛卡尔看来,尽管动物、植物表面上与其他非生命形式的自然客体相比更贴近于人类,动物尤甚,但由于它们都无法使用语言,也便无法理解和使用概念,所以动物和植物仍旧是空有躯体而无灵魂。究其本质,动植物的属性和非生命客体并无不同,无非广延、体积、质量、形状等。而人类既拥有肉体,也拥有灵魂或是心灵,与仅具有躯体的动物和植物相比是天然的更高级存在,因此人们可以随意对待动植物,一如人们可以随意对待非生命客体。

在持理性优越论的康德看来,人与动植物的根本区别就在于人类是理性存在物,理性于所有理性存在物而言都是相同的,而所有理性存在物所追求的理智世界也是相通的。人类身为理性存在物,会自发自觉地追寻理性。而非理性存在物无论如何都不会直接影响到理智世界的实现,因而作为理性存在物的人无须给予作为非理性存在物的动植物以道德关怀。①

西方人类中心主义的价值观念在人类历史上起过非常大的进步作用,人类正是因此走向了对自然的祛魅之路。但是,人类中心主义在铸造辉煌的工业文明的同时,并没有带来良好健全的生态环境。自人类步入工业文明以来,地球的资源在人类毫无节制的掠夺性开发中已日渐稀少,生态系统也因工业文明伴生的种种污染而岌岌可危。人类沉浸在创造的文明与财富之中,并没有发现自己已经深陷生态危机。从深层次上看,当今人类所面临的生态危机并非因自然环境自身的变迁而生,而正是近代人类不合理地开发自然、改造自然的实践活动所导致的,近代人类中心主义为这种不合理的狂欢提供了伦理支撑和理论基石,就此而言,当代生态危机的爆发与近代人类中心主义的兴起存在直接的逻辑关系。②

尽管近代人类中心主义带着诸多消极因素,但这一理论仍不乏许多拥趸。支持人类中心主义的学者并不否认近代的人类中心主义学说需要为当代生态危机负相当一部分责任,但他们认为只要正视并克服人类中心主义中的消极因素,那么人类中心主义仍不失为一种优秀的理论,也即现代人类中心主义。现代人类中心主义摒弃了古典人类中心主义在本体论、存在论或认识论意义上使用这一概念的传统做法,转而强调人类中心主义的价值论意义。这种现代人类中心主义的核心思想是:第一,因为人是理性的,所以人自在地就是一种目的。第二,人是所有价值的源泉,所谓非人类存在物的价值不过是人的内在感情的主观投射,倘若无人存在,自然界哪怕再生机勃勃也无谓价值;第三,所谓道德规范是用来调整人际关系的行为准则,它所关注的对象也仅是人的福利,无关乎其他生命。

当代最著名的弱势人类中心主义者布莱恩·诺顿认为,现代人类中心主义必须在理性分析的基础上区分四个不同的概念:即感性偏好、理性偏好、满足的价值、价值观改变的价值(参见图 2-4)。③

由图 2-4 可知,在现代人类中心主义看来,倘若人类能够真正地践行诸如"己所不欲,勿施于人"的古老道德,那么无须将道德关怀的对象扩展至人类以外的自然存

---

① 余谋昌,雷毅,杨通进. 环境伦理学[M]. 北京:高等教育出版社,2019:38-41.
② 陈金清. 生态文明理论与实践研究[M]. 北京:人民出版社,2016:135.
③ 余谋昌,雷毅,杨通进. 环境伦理学[M]. 北京:高等教育出版社,2019:42-47.

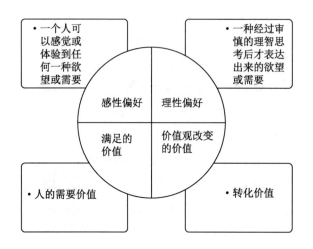

图 2-4　弱势人类中心主义的四种概念

在物,也能很好地保护生态环境。

总之,人类中心主义是必要的,但不充分。它将道德理解为只为调节人际关系和实现既定目的的手段,它所注重的也仅是行为的规则。但倘若这些规则不如人类中心主义者料想的那般以"人的理想形态"或"完美的人的形象"为最终归宿,那么它们便失去了客观的统一标准。需要注意的是,人在自然界中的地位和形象同样是确定人的价值的一个重要参考维度。正因如此,非人类中心主义才将人对非人类存在物的道德义务纳入了伦理学范畴。

二、非人类中心主义的生态思想

非人类中心主义(Nonanthropocentrism)思想在西方同样源远流长,但作为一种理论流派,非人类中心主义是随着西方生态伦理学的创立而出现的。国内学界通常将非人类中心主义理论划分为三大派别,即以彼得·辛格(Peter Singer)、汤姆·雷根(Tom Regan)为代表的动物解放/权利论(Animal Liberation/Rights Theory),以阿尔贝特·施韦泽(Albert Schweitzer)、保尔·泰勒(Paul Taylor)为代表的生物中心主义(Biocentrism),以奥尔多·利奥波德(Aldo Leopold)、阿恩·奈斯(Arne Naess)、霍尔姆斯·罗尔斯顿(Holmes Rolston Ⅲ)为代表的生态中心主义(Ecocentrism)。①

　　动物解放论主张将道德关怀的对象由人扩展至动物身上,给予动物以与人平等的道德地位。1975 年彼得·辛格出版了《动物解放》一书,他认为正是由于我们平等地享有感受痛苦和幸福的能力,所以我们才需要平等地关心每个人的利益并给予每个人以充分的道德关怀。同样的,假使一个动物也能如人类一般感受到痛苦和幸福,那么从伦理学的角度便无法找到能够否认动物也是道德关怀的客体的理论依据。此外,在动物解放论者看来,如果我们仅仅因为非人生物与人类不是同一物种便拒绝承认这种生物与人类在道德上处于平等的地位和享有同样的权利,那么我们便步入了物种歧视的误区,与仅依靠身份政治认同确定社会地位和政治权利的种族歧视者和性别歧视者无异。为了克服这种物种歧视,动物解放理论家们提出了一种二维的平等主义,即"种际正义原则"。根据该原则,解决种际之间的利益冲突必须考虑两个因素:一是各种利益在冲突中的重要性,二是利益冲突各方的心理能力。在二维平等主义看来,在道德层面并非每个人的利益均优先于动物的利益,倘若一个人由于先天性遗传缺陷或严重的脑损伤成为心理能力极其简单的人,其与某种心理发展到了极高水平的动物发生利益冲突时,则前者的利益并不优先于后者。尽管动物解放论者主张平等地关心所有动物的利益,但他们不认为我们应该给予所有动物同样的待遇。相反,他们认为我们应该根据动物复杂的感觉和心理能力来区别对待它们。②

　　尽管辛格被视作现代动物权利运动的奠基人,但他却并不主张动物拥有权利。真正从哲学的角度阐述"动物拥有权利"这一命题的是美国著名的哲学家汤姆·雷根。1986 年,雷根《动物权利案例》一书出版,他在书中指出人们用来证明人拥有权利的理由在逻辑上与证明动物也拥有权利是相通的,即人与动物都具有一种天赋价值。天赋价值同等地属于所有生命主体,具有这种价值的存在物必须被视为目的本身而非仅仅是工具。人之所以具有自然价值,是因为人是有感觉的生命主体,而动物(至少某些哺乳动物)同样具有成为如人这般的生命主体的种种特征,因此动物也

---

① 陈金清.生态文明理论与实践研究[M].北京:人民出版社,2016:136.
② 余谋昌,雷毅,杨通进.环境伦理学[M].北京:高等教育出版社,2019:47-50.

有值得我们尊重的自然价值。

　　相较于动物解放/权利论者而言,生命中心主义者们将道德关怀的对象进一步扩展至全体生命。1923 年,阿尔贝特·施韦泽在其代表作《文明与伦理》一书中首次提出了敬畏生命的伦理观,该理论被视为早期生物中心主义,并被视为传统伦理关注对象的首次突破。施韦泽指出"爱"、"同情"和"善"的原则并非人所独有,而应当被赋予所有生命个体。"敬畏生命"最基本的道德原则是"善是保持生命、促进生命,使可发展的生命实现其最高价值。恶则是毁灭生命、伤害生命,压制生命的发展。这是必然的、普遍的、绝对的伦理原则" ①。这意味着当人与其他生命发生冲突时,人应当负责地和有意识地作出决定,并秉持敬畏生命的态度和品质而非毫无缘由地杀死一个生命。②

　　在《尊重自然:一种环境伦理学理论》中,保尔·泰勒进一步发展了施韦泽的生态伦理思想,构建了完整的生物中心论伦理学体系。他认为,生命有机体是一个明确指向实现有机体的生长、发育、繁殖和延续的活动系统。在泰勒看来,人与动植物同为地球共同体的一员,人的地位并不比其他生命超然。他还提出了尊重生命有机体的道德规范:不作恶、不干预、忠诚和补偿正义原则。③ 但泰勒并不否认在人的利益与其他生命的"福利"之间做出选择是一种道德上的两难困境;为解决这些相互竞争的道德权益的冲突,泰勒提出了五条原则:①自卫原则,即如果其他有机体对作为道德代理人的生命和基本健康构成了威胁和伤害,他们将被允许消灭或伤害这些有机体来进行自卫。②对称原则,即当人的非基本利益(人们认为值得去追求的目标和人们认为最有利于这些目标实现的工具)与其他生命的基本利益(能够使某些重要目标得以实现的基本条件,如生存、安全、自律、自由等)发生冲突时,应把后者看得重于前者。③最小错误原则,即当人的非基本利益与其他生命的基本利益发生冲突且人们又不愿意放弃对这类非基本利益的追求时,人们应当把对其他生命的伤害减少到最低程度。④分配正义原则,当人的基本利益与其他生命的基本利益发生冲突且其他生命对人不构成威胁时,公平地分配地球上的资源,使人和其他生命的延

---

①　阿尔贝特·史怀泽. 敬畏生命[M]. 陈泽环,译. 上海:上海社会科学院出版社,1996:9.
②　王国聘,曹顺仙,郭辉. 西方生态伦理思想[M]. 北京:中国林业出版社,2018:73-78.
③　陈金清. 生态文明理论与实践研究[M]. 北京:人民出版社,2016:138.

续都得到保障;当人的基本利益与其他生命的基本利益处于"二者不可得兼"的处境时,则人们不必牺牲自己的基本利益以使其他生命的利益得到实现。⑤补偿正义原则,如果最小错误原则和分配正义原则得不到完美的实现,那么人类应当对其他生命作出大致与对它们的伤害相等的补偿,维护生态系统和生命共同体的健康和完整。①

生物中心主义者将生命作为道德关怀的对象,以期避免以往道德理论所隐含的伦理等级观念,实现对西方主流伦理学的超越。但尽管生物中心主义关心个体,却否认生命共同体真实存在,否认人对物种本身和生态系统负有直接的道德义务。与生物中心主义者不同,生态中心主义者认为:生态伦理必须是整体主义的,即不仅要认识自然客体之间的联系,还要赋予物种、生态系统等生态"整体"直接的道德地位。生态中心主义主要包括奥尔多·利奥波德的大地伦理学、阿恩·奈斯的深层生态伦理学和霍尔姆斯·罗尔斯顿的自然价值论。

1947年,利奥波德完成了被称作"环境主义运动的一本圣经"的生态伦理学经典《沙乡年鉴》,书中系统阐述了他的大地伦理学思想。利奥波德认为,大地伦理学的任务就是扩展道德关怀的对象,使之包括土壤、水、植物和动物,以及由这些个体组成的整体——大地,人也不再扮演一个征服者或主宰者的形象,而是与他们平等地成为这个道德共同体中的一员。人类需要扩展至这个共同体的不仅仅是"权利",还有"良心"和"义务"。大地伦理学的主要原则是:"当一个事物有助于保护生物共同体的和谐、稳定和美丽的时候,它就是正确的;当它走向反面时,就是错误的。"生态中心主义的另一旗手是奈斯。他在《浅层生态运动与深层、长远生态运动:一个概要》中,首次提出了"深层生态伦理学"的概念。深层生态伦理学将"自我实现"和"生物中心主义的平等"作为最高道德规范。值得注意的是,"自我实现"中的"自我"不仅包括"我"这一个体,还包括所有人类、所有动植物,乃至热带雨林、山脉、河流和土壤中的微生物。自我实现的过程就是人们不断扩大自我认同对象的范围,逐步超越整个人类,最终对涵盖非人类在内的世界达成整体认识的过程。②

---

① 余谋昌,雷毅,杨通进. 环境伦理学[M].北京:高等教育出版社,2019:60-61.
② 刘海龙. 生态正义的三个维度[J].理论与现代化,2009(04):15-18.

在当代西方生态伦理学领域,罗尔斯顿可谓泰山北斗。在《哲学走向荒野》《自然界的价值》等书中,罗尔斯顿开创性地提出了自然价值论,使得生态伦理学得以进一步完善。他指出:"作为生态系统的自然并非不好的意义上的'荒野',也不是堕落的,更不是没有价值的。相反,她是一个呈现着美丽、完整与稳定的生命共同体。"在罗尔斯顿看来,荒野是一个自组织、自调节的生态系统,它在不断进行"积极创造"。人类并不参与荒野自然界的运行,也从未创造过荒野,相反,正是荒野创造了人类。荒野不仅是一切价值的源泉,也是人类价值的源泉。自然不仅有基于人的尺度的工具价值,亦有基于自身存在的内在价值,以及由这些工具价值和内在价值交织而成的系统价值。"自然系统作为一个创生万物的系统,是有内在价值的,人只是它的众多创造物之一,尽管也许是最高级的创造物。"为了所有生物和非生物的利益,我们必须遵循自然规律,并把它作为我们的道德义务,这就是生态伦理学的主题。①

三、其他重要理论流派的生态思想

除却人类中心主义和非人类中心主义两大阵营,生态神学(Ecotheology)、社会生态学(Social Ecology)和生态女性主义(Ecofeminism)等理论也逐渐引起人们的关注,为人们思考和探索生态文明建设提供了新的灵感和思路。

早在20世纪50年代就已经有学者从基督教的角度来思考人与自然的伦理关系问题,1967年美国历史学家林恩·怀特(Lynn White)的论文《我们的生态危机的历史根源》则真正激发了现代生态神学的创造灵感。在林恩·怀特看来,基督教是世界上最具人类中心主义色彩的宗教,基督教的这种教条要为现代社会的生态危机承担主要责任。尽管怀特把犹太-基督教视为现代西方生态危机的宗教根源。但是,林恩·怀特并不认为根治西方生态危机需要放弃基督教。在他看来,既然环境问题是由基督教引起的,那么也只能由基督教来解决。林恩·怀特将圣弗朗西斯(Saint Francis of Assisi)所倡导的万物平等主义视为解决生态危机的不二法宝。《圣经·创世纪》中有这样的文字:上帝要人们"治理"(subdue)地球,并"管理"(have dominion over)地球上的各种动物。这段经文被传统的主流基督教理解为,上帝要

---

① 陈金清.生态文明理论与实践研究[M].北京:人民出版社,2016:139-140.

求甚至命令人类征服大自然，并把地球上的其余部分当作人类的奴隶来使用。然而，在当代的生态学家看来，《圣经》中的这段文字应理解为：上帝要求人类管理并照顾地球上的各种存在物。事实上，人类只是上帝的托管者。托管意味着，人类对地球及地球上的所有创造物（包括土地、矿藏等资源）都只具有使用权，而不拥有所有权；人类对地球的开发和使用是有限的，而且要受到一个更高的权威即上帝的约束。托管还意味着，人类应该以责任和爱心来看护大自然，关心所有生物的福利，抚育和促进所有的生命形式，使整个大自然都欣欣向荣。基督徒对自然的关怀是一种以上帝为导向的神圣责任。

社会生态学是美国思想家默里·布克钦（Murray Bookchin）创立的一个理论流派。自布克钦 1987 年在全美绿色会议上作主题发言全面批评深层生态学开始，社会生态学与深层生态学就作为美国环境哲学和环境伦理学两大对立流派争论不止。首先，社会生态学认为自然是一个趋向日益复杂和主体性的发展过程，社会虽然涌现于自然，但是自然和社会属于不同存在层次，二者之间的界限确切而真实，将自然定义为与人类相分离的荒野具有明显静态和反文明的特征。其次，社会生态学认为人口数量本身并不能决定一个社会的类型，人们能够通过管理他们的社会、政治和经济事务，来培育和恢复自然的生态复杂性以改善自然。再次，社会生态学家反对任何中心主义理论，他们认为人类对自然的干预活动同样是人类进化过程中不可或缺的一环，而人类在干预自然时所处的社会类型则决定了其所进行的干预活动对于生态的善或恶。布克钦通过对自然的生态学考察，提出了三条重要的生态学原则：多样性的统一、自然的自发性及非等级制关系。社会生态学家认为，这三条生态学原则表明，自由是自然和社会进化的潜能和方向，自由并非只是严格意义上的人类价值或关切，它还以萌芽状态呈现在宇宙当中。因此，打破等级制和支配、恢复和发展自由的遗产既是人类社会进化的前途，也符合自然进化的趋势。

1974 年，法国女性主义者奥波妮（F. d'Eaubonne）首次提出了生态女性主义这一概念。她提出这一术语的目的是想强调妇女在生态革命方面所具有的潜力，号召妇女起来领导一场生态革命；她还预言，这场革命将在人与自然、男性与女性之间建立一种全新的关系。生态女性主义是一个较为宽泛的概念，它包括各种各样致力于揭示对妇女（以及社会中的弱势群体）的压迫与对自然的掠夺之间的联系的观点。

生态女性主义是"女性的",也是"生态的",更是"多维视野的",它把各种社会统治形式(如种族歧视主义、阶级歧视主义、性别歧视主义等)之间复杂的内在联系都纳入对妇女和自然之间的关系的分析。这种分析是多元化的,它拒绝把能够解决某些地方社会和生态问题的有效方法普遍化,认为并不存在某种本质化的"唯一正确的"方法。对某个特定问题的恰当解决方案,必须要考虑特定的历史、现实和社会经济条件,解决方案应随着文化环境、历史阶段和地理环境的不同而有所不同。①

第四节　生态文明与马克思主义生态文明思想

马克思主义生态文明思想是指"蕴含在马克思恩格斯理论中的,从人与社会关系维度出发,阐述正确处理人与自然关系,建设生态文明的依据、价值、规律、原则以及进步状态的思想。这一思想具有丰富的内涵,并在同人类发展的历史进程共振中不断丰富和发展。"②19世纪,马克思、恩格斯在坚持辩证唯物主义和历史唯物主义原理的基础上,在揭示研究人类社会发展基本规律的进程中,以"人类与自然的和解以及人类本身的和解"③为基本目标,对人、社会、自然的关系进行了深度阐述并形成了丰富的生态文明思想。此后,马克思、恩格斯的生态文明思想先后经过国际共产主义运动的传播、苏联布尔什维克党的生态理论与实践探索、西方生态马克思主义的发展,形成了一系列基于马克思主义世界观和方法论的理论成果。当下,马克思主义生态文明思想正日益成为中国特色社会主义生态文明建设重要的理论资源与实践指南。

一、马克思主义生态文明思想诞生的时代背景

马克思主义的生态文明思想是马克思、恩格斯在考察资本主义工业化发展早期的生态环境状况基础上,以唯物主义辩证法为基本指导思想,批判吸收历史上和同时代的生态环境思想的合理因素而创建起来的。④ 总的来看,马克思主义生态文明思想诞生的时代背景主要包括以下四个方面。

---

① 余谋昌,雷毅,杨通进. 环境伦理学[M]. 北京:高等教育出版社,2019:76-87.
② 刘希刚. 马克思恩格斯生态文明思想及其在中国实践研究[D]. 南京:南京师范大学,2012.
③ 马克思,恩格斯. 马克思恩格斯文集(第1卷)[M]. 北京:人民出版社,2009:63.
④ 刘希刚,徐民华. 马克思主义生态文明思想及其历史发展研究[M]. 北京:人民出版社,2017:21.

1. 现实基础:资本主义的生态环境问题

马克思主义生态文明思想的诞生同马恩所处的时代有着直接的关系,正如学者所指出的:"马克思恩格斯的生态环境观不是空穴来风,它有着极为深厚的现实基础,即当时社会开始显现的生态环境问题。"①在马克思、恩格斯生活的 19 世纪的欧洲,人与人之间的社会矛盾伴随着资本主义工业化进程中社会分化和阶级矛盾的扩大而愈加突出并逐渐成为社会的主导矛盾。同时,资产者的贪婪助长了人类盲目自大的心理,推动人类对自然的征服和统治极端化为对自然的掠夺和破坏,人与自然之间的矛盾开始同社会矛盾并存并同步发展。因而,在马克思、恩格斯生活的年代虽然尚未形成全面的生态环境危机,但这种伴随着现代资本主义发展而逐步显露的生态环境危机已为马克思主义生态文明思想的形成提供了现实的批判对象,相应地对资本主义的生态批判也就构成了马克思、恩格斯思考人类未来生态文明转向的历史逻辑起点。

2. 理论基石:马克思主义基本原理

马克思主义的基本原理作为统摄整个马克思主义理论体系的基本架构,为马克思主义生态文明思想提供了最基本的理论基础。换言之,一方面,马克思主义关于人与自然关系的理论是构筑马克思主义生态文明思想的理论基础和出发点。另一方面,立足当代环境问题对人与自然关系问题所作的马克思主义解答,是对马克思主义基本原理的继承和创新。约翰·克拉克指出:"虽然与其他任何现代哲学家相比,马克思没有提出生态辩证法,但他基于非唯心主义和历史视角的辩证法而提出的方法建议却可以用于指导人类和自然的关系。"②

3. 认知基础:自然科学发展的推动

近代以来的两次产业革命为人类文明从农业文明演进到工业文明奠定了坚实的物质基础,也标志着人们对自然的认知水平达到了新的高度。16 世纪和 17 世纪,蒸汽机的发明在带来产业革命的同时也催生了新的机械论自然观,机械论自然观的指导又催生了经典力学。19 世纪,近代自然科学的蓬勃发展既带来了产业革

---

① 杜秀娟,陈凡. 论马克思恩格斯的生态环境观[J]. 马克思主义研究,2008(12).

② John Clark. Marx's Natures: A Response to Foster and Burkett[J]. Organization & Environment, 2001,14(4):432-442.

命的不断升级,也为马克思主义辩证唯物主义自然观和生态文明思想的形成和发展提供了科学基础。随着科学的发展和科学革命的推动,科学家们破除了视力学机制为寻求自然界统一性唯一途径的观念,注重通过量子和场的图景去发现自然界的统一,这是辩证唯物主义自然观产生的科学动力。特别是 19 世纪自然科学的三大发现——细胞学说、能量转化定律、达尔文的进化论,以近乎系统的形式为人们描绘了一幅自然界相互联系的清晰画面,为整体自然观的形成提供了科学依据。正是在最新发展的自然科学成果的启发下,马克思、恩格斯形成了运动的、联系的、发展的辩证唯物主义自然观,对人类现实生存的自然界做了科学的考察,形成了具有前瞻性的生态思想。

4. 观点启示:生态学的研究成果

马克思、恩格斯的生态文明思想在与同时代关心生态环境问题的思想家,如达尔文、李比希、摩尔根和马尔萨斯等人的共振中不断完善。著名生态马克思主义学家福斯特指出,"现代生态学在 19 世纪中期出现的基础就是达尔文在生物历史学领域所作出的成就,以及其他科学家在生物物理学领域的发现,比如德国伟大的农业化学家尤斯图斯·冯·李比希所强调的土壤肥质的循环及其与动物新陈代谢的关系"①。而这些观点在某种程度上同马克思、恩格斯的观点不谋而合,为马克思、恩格斯构建其生态文明思想提供了理论借鉴。可以说,对达尔文、李比希、摩尔根、马尔萨斯等人的生态思想的批判和吸收是马克思主义生态文明思想历史性地建构的基础。

二、 马克思主义生态文明思想的主要内容

马克思主义生态文明思想在内容上看主要包含哲学、经济、政治、文化、社会和自然环境六个不同层面;在方法论逻辑上则体现了整体论思维方式、唯物论基础、辩证法原则、唯物史观立场等鲜明的马克思主义印记。

首先,人与自然、社会三者有机统一的生态文明主体论。在马克思、恩格斯的理论世界中,人、社会、自然三者是有机统一的,他们认为"全部人类历史的第一个前提

---

① 约翰·贝拉米·福斯特. 马克思的生态学:唯物主义与自然[M]. 刘仁胜,肖峰,译. 北京:高等教育出版社,2006:14.

无疑是有生命的个人的存在……任何历史记载都应当从这些自然基础以及它们在历史进程中由于人们的活动而发生的变更出发"①。因而,人与自然和社会共同构成了推动生态文明建设的实践主体。

其次,人与自然物质变换的生态文明物质基础论。马克思、恩格斯在与同时代的思想伟人的思想碰撞中,借用自然科学的"物质变换""新陈代谢断裂"等概念把人与自然的关系视作物质交换的过程。在《资本论》中,马克思借用这些概念来阐述资本主义的生态问题,并从城乡分离、远距离贸易到资本主义生产方式和大土地私有制等方面着手,由浅入深地分析了生态问题的根源。不仅如此,他们还把克服新陈代谢断裂、实现人与自然的合理物质变换看作未来共产主义的基本特征,指出那时人们将"靠消耗最小的力量,在最无愧于和最适合于他们的人类本性的条件下来进行这种物质变换"②。

再次,生态问题的制度批判论。马克思认为生态环境问题的出现同现代的资本主义制度是密切相关的。马克思指出,"资本主义生产发展了社会生产过程的技术和结合,只是由于它同时破坏了一切财富的源泉——土地和工人"③。在资本主义的生产方式和追逐利润的资本逻辑作用下,劳动的本真价值被掩盖,成了资本主义制度下的异化劳动,异化劳动则是构成工业文明社会的自然异化和资本主义生态危机的重要因素。因而,马克思、恩格斯认为变革资本主义制度,恢复被异化的劳动的本真样态是"合理调节"人与自然关系的根本要求。

第四,人类主体性与自然优先性相协调的生态文明价值论。马克思、恩格斯坚持人在人与自然关系中的价值主体地位,指出"动物只生产自身,而人再生产整个自然界"④,强调人类相对于自然存在物的主体性和能动性。同时,他们又辩证地强调自然界对于人类的先在性,指出"人本身是自然界的产物,是在自己所处的环境中并且和这个环境一起发展起来的"⑤。他们认为人与自然是能动性与受动性的相互统一,人类在社会发展中应自觉遵循生态价值理念。

---

① 马克思,恩格斯. 马克思恩格斯文集(第1卷)[M].北京:人民出版社,2009:519.
② 马克思,恩格斯. 马克思恩格斯文集(第7卷)[M].北京:人民出版社,2009:928.
③ 马克思,恩格斯. 马克思恩格斯文集(第5卷)[M].北京:人民出版社,2009:579.
④ 马克思,恩格斯. 马克思恩格斯文集(第7卷)[M].北京:人民出版社,2009:162-163.
⑤ 马克思,恩格斯. 马克思恩格斯文集(第9卷)[M].北京:人民出版社,2009:38.

第五，人与自然和谐相处的生态文明目的论。马克思、恩格斯认为共产主义社会是人的解放、社会的解放和自然的解放相统一的社会，指出实现人与自然的解放必须以实现人与人的解放为前提，"这种共产主义，作为完成了的自然主义，等于人道主义，而作为完成了的人道主义，等于自然主义，它是人和自然界之间、人和人之间的矛盾的真正解决，是存在和本质、对象化和自我确证、自由和必然、个体和类之间的斗争的真正解决"①。由此，他们指出了一些解决问题的基本思路。例如，"只有按照一个统一的大的计划协调地配置自己的生产力的社会，才能使工业在全国分布得最适合于它自身的发展和其他生产要素的保持或发展"，"只有通过城市和乡村的融合，现在的空气、水和土地的污毒才能排除，只有通过这种融合，才能使现在城市中日益病弱的群众的粪便不致引起疾病，而是用来作为植物的肥料"②。

第六，尊重和爱护自然的认识论。马克思、恩格斯在强调自然界是人类生存发展的物质前提、财富基础和精神源泉的基础上，认为"自然界是人为了不致死亡而必须与之处于持续不断的交互作用过程的、人的身体"③，"人作为自然的、肉体的、感性的、对象性的存在物，同动植物一样，是受动的、受制约的和受限制的存在物"④，强调必须尊重自然规律，要像爱护身体一般爱护自然环境。

三、不断发展的马克思主义生态文明思想

1. 马克思主义生态文明思想在国际共产主义运动中的传承和发展。作为马克思主义生态文明思想的创始人，马克思、恩格斯在《德意志意识形态》、《资本论》及其手稿、《人类学笔记》、《家庭、私有制和国家的起源》等经典文本中重点论述了地理环境对生产力与劳动生产率的重要影响以及自然环境对人类生存及其生产劳动的基础作用，拉法格和梅林作为马克思和恩格斯的学生和战友也对他们的自然地理环境理论开展过研究。此外，需要指出的是，在国际共产主义运动中，普列汉诺夫继承、解读和丰富了马克思主义地理环境理论。他的地理环境理论主要阐述了地理环境与人类社会之间相互作用、人类社会发展独立于地理环境之外的逻辑和规律、生产力在自然界

---

① 马克思,恩格斯. 马克思恩格斯文集(第1卷)[M]. 北京:人民出版社,2009:185-186.
② 马克思,恩格斯. 马克思恩格斯文集(第9卷)[M]. 北京:人民出版社,2009:313.
③ 马克思,恩格斯. 马克思恩格斯文集(第1卷)[M]. 北京:人民出版社,2009:161.
④ 马克思,恩格斯. 马克思恩格斯文集(第1卷)[M]. 北京:人民出版社,2009:209.

和人类社会的互动中起中介作用、地理环境对社会发展的作用是"可变的量"等内容,其中蕴涵着丰富的生态思想意蕴,具有重要的学术成就和历史价值。①

2. 苏联布尔什维克党的生态理论与实践探索。以列宁为例,首先,列宁提出了科学的物质概念,丰富和发展了自然辩证法。他针对黑格尔的观点指出:"不能用精神的发展来解释自然界的发展,恰恰相反,要从自然界,从物质中找到对精神的解释……"②其次,列宁批判了资本主义所带来的环境问题,他引用恩格斯的话揭露了资本主义大城市糟糕的环境状况,"人们都在自己的粪便臭味中喘息,所有的人,只要有可能,都要定期跑出城市,呼吸一口新鲜的空气,喝一口清洁的水"③。最后,列宁批判了作为资本主义新样态的垄断资本主义追求超额利润的生产方式,以及帝国主义对外扩张所导致的工人生存环境恶化、殖民地原料被掠夺和生态环境被破坏等问题。

3. 西方生态马克思主义对马克思主义生态文明思想的挖掘。首先,以福斯特为首的西方生态马克思主义学者反驳了部分西方学者认为马克思恩格斯没有生态思想的错误观点,阐明了生态思想是马克思主义思想体系的核心内容之一,主张历史唯物主义向生物学和自然观延伸。例如,奥康纳认为马克思主义具备了"一种潜在的生态学社会主义的理论视域"。其次,生态马克思主义者认为资本主义追求利润的本性必然破坏生态环境。高兹指出,"任何一个企业都对获取利润感兴趣。在这种情况下,资本家会最大限度地去控制自然资源,最大限度地增加投资,以使自己作为强者存在于世界市场上。"④再次,生态马克思主义学者揭示了生态危机的本质及其危害。福斯特认为当前的世界生态危机是一场"终结一切的危机",是人类"最后的危机"。奥康纳则从资本主义第二重矛盾出发推演出资本主义双重危机,强调生态危机与经济危机相比更加具有根本性。最后,生态马克思主义学者提出了建设生态社会主义的实践策略。奥康纳呼吁:"建设一种没有剥削的、社会公正的生态型的社会,特别需要联合起来斗争,必然发展某种统一的政治策略,如此才能同全球

---

① 徐民华,刘希刚. 马克思主义生态文明思想与中国实践[J]. 科学社会主义,2015(01):68-73.
② 中共中央马克思恩格斯列宁斯大林著作编译局. 列宁专题文集·论马克思主义[M]. 北京:人民出版社,2009:54.
③ 列宁. 列宁全集(第5卷)[M]. 北京:人民出版社,1986:133.
④ Andre Gorz, Ecology As Politics [M]. Boston: South End Press,1980:5.

性的资本和那些不断壮大的全球性准国家组织相抗衡"①。不过,西方生态马克思主义理论对人与自然的矛盾、生态危机在当代资本主义体系中的地位的过分强调,致使其调整人与自然关系来解决社会矛盾、用生态革命代替社会变革的实践思路必然带有某种空想主义色彩。

总体而言,马克思主义生态文明思想在不同地理空间和制度范围内的理论建构及其实践,在留下深刻的历史经验和教训的同时也为中国建设生态文明提供了思想启示、价值指引、实践经验和世界眼光。

第五节　习近平生态文明思想的形成

任何科学理论体系的问世都有着深刻的时代背景,都是在直面和回答时代提出的重大课题时,应时代的需要而产生的。马克思、恩格斯在《德意志意识形态》中指出:"一切划时代的体系的真正的内容都是由于产生这些体系的那个时期的需要而形成起来的。"②所谓理论产生于时代的需要,就是理论产生于时代的物质需要、政治需要及精神文化需要等多方面需要所构成的系统性需要。恩格斯对此深刻地指出:"每一历史时期的观念和思想也可以极其简单地由这一时期的经济的生活条件以及由这些条件决定的社会关系和政治关系来说明。"③习近平生态文明思想就是在吸收、继承和发展马克思主义生态文明思想、中国传统生态思想及西方生态思想的基础上,结合当代中国实际所形成的。

一、习近平生态文明思想形成的逻辑主线

1. 习近平生态文明思想形成的历史逻辑

中华人民共和国成立以来,各届党中央领导集体都在继承马克思恩格斯关于生态文明发展的科学理论论述基础上,立足于社会发展需要,不断地发展和创造出具有中国特色的生态文明发展思想,这构成了习近平生态文明思想形成的历史逻辑。

自 20 世纪 30 年代起,以毛泽东为核心的党中央领导集体便十分关注自然环境问题,1932 年中华苏维埃共和国临时中央颁布的《关于植树运动的决议案》等决议

---

① 詹姆斯·奥康纳. 自然的理由——生态学马克思主义研究[M]. 南京:南京大学出版社,2003:404.
② 马克思,恩格斯. 马克思恩格斯全集(第3卷)[M]. 北京:人民出版社,1960:544.
③ 马克思,恩格斯. 马克思恩格斯文集(第3卷)[M]. 北京:人民出版社,2009:459.

便是其体现。20 世纪 50 年代末期,随着生态环境问题在社会主义建设中逐渐突显出来,毛泽东提出"要使我们祖国的河山全部绿化起来,要达到园林化,到处都很美丽,自然面貌要改变过来"①。毛泽东"绿化祖国"的思想为习近平生态文明思想的形成埋下了种子。改革开放初期,随着生态环境问题的逐步凸显,1983 年 12 月 31日,国务院第二次全国环境保护会议正式将环境保护确立为我国一项基本国策,中国特色社会主义生态文明理论开始初具雏形,为习近平生态文明思想进行生态文明体制改革奠定了坚实基础。20 世纪 90 年代末,以江泽民同志为核心的党中央领导集体在推进社会主义现代化建设的过程中,格外关注人口、资源和环境等方面的问题,强调"使经济速度与资源、环境相协调,实现良性循环",促使可持续发展成为指导我国发展的一项重大战略,为"绿色发展理念"提供理论支撑。2007 年 10 月,党的十七大正式提出把建设"生态文明"作为实现全面建设小康社会奋斗目标的五大发展新要求之一,首次把"生态文明"作为党的行动纲领,实现了对十六大"全面建设小康"的创新发展,至此,建设中国特色社会主义生态文明正式上升为党和国家层面的政治战略任务,也是党执政兴国的新理念和对马克思主义生态文明理论的深化认识。

　　进入新时代,党的十八大首次将"美丽中国"作为执政理念,提出要"把生态文明建设放在突出地位,融入经济建设、政治建设、文化建设、社会建设各方面和全过程,努力建设美丽中国,实现中华民族永续发展";2017 年 10 月,习近平总书记在十九大报告中指出,要"加快生态文明体制改革,建设美丽中国",同时做出了关于推进人与自然和谐共生的四大任务的部署,将我国特色社会主义生态文明建设推向了一个全新高度。至此,习近平生态文明思想这一中国特色社会主义生态文明理论进入体系化的全新阶段。

　　2. 习近平生态文明思想理论逻辑

　　以习近平同志为核心的党中央领导集体在继承我国传统文化中朴素的生态思想、发展马克思恩格斯生态文明思想和吸收西方可持续发展理论的基础上,结合我国社会实践,形成了新时代中国特色社会主义生态文明思想。

---

① 　中共中央文献研究室,国家林业局.毛泽东论林业(新编本)[M].北京:中央文献出版社,2003:51.

首先,习近平生态文明思想根植于我国传统自然生态思想。我国自古就有"天人合一""天人感应"等蕴含自然生态意识的传统思想理论,如儒家从自然资源有限性和人类需求无限性的矛盾出发,提出"取物不尽物""取物以顺时",有限度地利用自然资源,反对破坏性开发;《孟子·梁惠王上》中"不违农时,谷不可胜食也;数罟不入洿池,鱼鳖不可胜食也;斧斤以时入山林,材木不可胜用也"体现出我国古代朴素的持续发展和永续利用的生态思想;道家庄子在《秋水》篇之三中提出"以道观之,物无贵贱"的公正价值观,以此提醒人类切莫以自身需求作为价值尺度对自然加以批判;到了宋朝,司马光又在《资治通鉴》卷二百三十四中再次提出"取之有度,用之有节"的生态资源思想。因而,中国传统自然生态思想为习近平生态文明思想提供了不竭的思想源泉。

其次,习近平生态文明思想主要来源于马克思、恩格斯的生态文明思想。马克思以人的全面发展为理论宗旨,从人的丰富实践出发,运用历史唯物观来思考人类与生态环境的关系,体现了"以人为本"的核心思想;同时马克思主义又富含辩证思想,认为人与自然应该是相互促进的伙伴关系,是共生、共赢、共荣的命运共同体,并提出以人为本和以自然为本的二元论思想,强调人与自然的内在统一性。马克思主义生态文明思想强调以生态意识为主导,引导人类形成生态文明思想意识、价值观念和思维方式,形成代内和代际公平发展观,实现自然生态系统与社会生态系统的全面协调可持续。马克思关于实现"人的自由全面发展"的思想论实质上包含了政治、经济、文化、社会及生态在内的多维生态思想。马克思主义的科学性就在于其理论来源的实践性,马克思主义生态文明思想的落脚点同样在于其生态化的实践过程,并具体体现在以发展生态技术为价值取向的科技观、以生态环境承载力为限的"循环经济"生产观和以"保护环境,绿色消费"为指导的绿色消费观等方面。因而,习近平生态文明思想作为马克思主义中国化的最新阶段,自然也蕴含着丰富的人本性、整体性、多元性、公平性、实践性及生态化特征。

最后,习近平生态文明思想吸收和借鉴了西方生态思想。1980 年国际自然保护联盟在《世界自然保护大纲》中首次提出"可持续发展"。1987 年,世界环境与发展委员会在《我们共同的未来》中再次提出了"持续发展",并将其释义为人类向自然获取生产、生活资料时,既满足当代人的生存发展需要,又不影响后代正常发展的代际公平观。1992 年世界环境与发展委员会发表的《21 世纪议程》和《里约宣言》进一步指出将"可持续发展"作为解决人类面临的日益严峻的生态环境危机的一种新的思路，标志着可持续发展理念的正式确立和人类关注生态文明时代的正式开创，为习近平生态文明思想的形成提供了借鉴。

3. 习近平生态文明思想的辩证逻辑

习近平生态文明思想的辩证逻辑主要体现在三个方面：一是从"人类中心主义"向"人与自然和谐共生"的认识论转变。在马克思主义经典作家关于人与自然和谐相处的论述中，生态文明时期人与自然和谐的发展观并非是由"人类中心主义"向"生态中心主义"的简单转变，而是在遵循自然内在规律的基础上，在协调人类利益与生态利益的过程中处理好人与自然的关系，强调"以人为本"的根本出发点和谋求"最广大人民群众的最大利益"，既重视人与人之间的关系，又注重人与自然之间的和谐关系，最终实现人与自然的本质统一。① 党的十九大报告将"坚持人与自然和谐共生"纳入新时代坚持和发展中国特色社会主义的基本方略，进一步促进了习近平生态文明思想从"人类中心主义"向"人与自然和谐共生"的认识论转向。

二是从"半自然生态系统"向"复合生态系统"的系统观转向。习近平生态文明思想认为，处理好生态环境问题必须始终坚持以人为本的全面发展的宗旨，从人的社会实践出发，在运用历史唯物主义分析人类同生态环境的关系的基础上，解决人类的生存和永续发展问题，实现人与自然的和谐相处。从自然、人与社会的相互关系来看，生态文明是"物质与精神成果的总和，是指以人与自然、人与人、人与社会和谐共生、良性循环、全面发展、持续繁荣为基本宗旨的文化伦理形态"②。从某种程度上来看，"自然—人—社会"三者之间是一个有机整体，新时代发展中国特色社会主义生态文明思想，必须注重以人类生存与自然环境的协调同步为价值取向，处理好"自然—人—社会"复合生态系统中彼此间的相互关系。同时，自然生态系统要在"人与自然"层面达到和谐状态，要求人类在精神层次上树立生态环境意识，在实践层次上加快对人类生产、生活方式的生态化改造，最终实现社会发展既获利于自然，

---

① 赵惠霞.生态文明建构与"人的自然化"[J].南通大学学报：社会科学版,2017(1):9-15.
② 潘岳.论社会主义生态文明[J].绿叶,2006(10):10-18.

又还利于自然,改造与保护自然并举,实现人与自然的和谐统一。①社会生态系统强调人类从"人与社会"、"人与人"及"人自身"三个层面实现人与自然的相互和谐。"人与社会"揭示了人同自然有着紧密联系,和社会之间依然存在着密切的关系,体现了马克思关于实现人与自然、人与社会双重和谐的辩证思想。而在习近平新时代中国特色社会主义发展时期,实现"人与人"相互关系的和谐,要增强人们的生态文明意识,意识到环境也是一种生产力,用绿色生产取代传统的粗放型生产,走具有内涵的生态型经济发展道路,提升生态文明建设地位,最终实现全民参与。从"人自身"的角度看,个人要在尊重自然基础上促进自身全面发展,增强环境保护意识;发扬"敢为人先"的精神,从自身做起,实现人与自然的相互和谐。

三是从"优先追求经济效益"向"山水林田湖草生命共同体"的发展观的转变。习近平生态文明思想较以往文明形态的不同之处在于,其生态文明思想主张人与自然的和谐统一,倡导在不牺牲和破坏自然生态系统环境的基础上发展物质生产力,彻底摒弃"优先追求经济效益"的传统发展思路,进而转向打造"山水林田湖草生命共同体",真正实现"既要金山银山,又要绿水青山"的生态化绿色发展模式。习近平在党的十八大报告中第一次将"生态文明建设"正式纳入中国特色社会主义事业"五位一体"总体布局,党的十八届五中全会将绿色发展纳入"五大发展理念",十九大关于推进绿色发展、着力解决突出环境问题、加大生态系统保护力度和改革生态环境监管体制四大任务的部署,则是习近平生态文明思想在全面协调人与自然相互关系方面辩证认识的重大体现,也是当前人类在处理人与自然相互关系方面所达到的较高认识水平和当前社会物质文明和精神文明发展所达到的最新阶段。从最初的"优先追求经济效益"到"可持续发展战略",再到习近平生态文明思想的形成与发展,都是以保护生态环境为目标对生态文明建设思想内容不断丰富和拓新的结果,都是对马克思、恩格斯生态文明思想的创新发展,彰显了新时代习近平生态文明思想的时代特征。

二、习近平生态文明思想的理论贡献与时代价值

习近平生态文明思想继承、丰富和发展了马克思主义生态文明理论,对于新时

---

① 贺祥林,江丽.关于生态文明的几点思考[J].湖北大学学报:哲学社会科学版,2016(5):1-8,160.

代建设生态文明和美丽中国具有重要的理论指导意义,对于构建"人类命运共同体"、建设清洁美丽生态世界亦具有重要的启发价值。

一是继承、丰富和发展了马克思主义生态文明理论关于人与自然关系的相关理论。马克思、恩格斯、列宁等或者把人类看作自然界的一部分,或者认为人类不可能独立于自然界而存在,正因如此,人类在自身的活动过程中要尊重自然,注意保护生态环境,否则会遭受自然的无情报复。对此,恩格斯曾严肃警告:"我们不要过分陶醉于我们人类对自然界的胜利。对于每一次这样的胜利,自然界都对我们进行报复。每一次胜利,起初确实取得了我们预期的结果,但是往后和再往后却发生完全不同的、出乎预料的影响,常常把最初的结果又消除了。"①党的十八大以来,以习近平同志为核心的党中央从中国发展变化的国情出发,始终坚持以人民为中心,在继承马克思主义生态文明理论的基础上,提出了一系列新观点、新理念和新论断,创立了习近平生态文明思想,极大地丰富和发展了马克思主义生态文明理论。

二是成为新时代建设生态文明和美丽中国的重要理论指南。习近平生态文明思想包含丰富的新观点、新理念和新论断,不仅是对马克思主义生态文明理论的继承、丰富和发展,也是对中国特色社会主义生态文明建设实践经验的深刻和系统总结。可以说,习近平生态文明思想,既反映了当前我国生态文明建设迫切的现实需求,又指明了未来我国生态文明和美丽中国建设的方向和道路;既从我国社会主义初级阶段的具体国情出发,实事求是地建立和完善生态文明建设制度,制定发展战略和规划,出台政策和措施,坚持了唯物主义的世界观,又与时俱进地推进马克思主义生态文明理论的创新发展,开启我国生态文明建设的新视野、新境界、新思路、新时代、新征程,坚持了辩证的发展观;既为当前及今后我国生态文明和美丽中国建设提供了科学的世界观和方法论,又具有重要的理论指导意义和极大的实践价值,是当前及今后我国生态文明和美丽中国建设的重要指针,也是必须长期坚持的基本遵循。

三是为构建"人类命运共同体"、建设清洁美丽生态世界提供了宝贵启示。以习近平同志为核心的党中央将生态文明建设提到民生、经济、社会、政治、国家发展战

---

① 马克思,恩格斯.马克思恩格斯选集(第3卷)[M].北京:人民出版社,2012:998.

略乃至关乎人类命运的高度,在国内提出要建设生态文明和天蓝地绿水清的美丽中国,在国际社会呼吁构建"人类命运共同体"、建设清洁美丽的生态世界,并为此贡献中国理念、中国智慧、中国方案和中国力量,彰显了中国共产党关心国计民生、关注人类命运的政治目标、价值取向和历史使命。习近平生态文明思想,对于世界各国和地区以及国际社会构建同呼吸、共命运的"人类命运共同体",推动世界范围的生态环境治理,具有重要的启发意义。

生态文明作为一种崭新的文明思想和未来的文明形态,具有坚实的科学基础和思想理论支撑。一方面,博物学及现代生态学的生物共生、物质循环再生及生物能多层次利用等生态系统原理为生态思想提供了科学依据;另一方面,中国传统生态智慧、西方生态思想、马克思主义生态文明思想及在此基础上结合当代中国实际而诞生的习近平生态文明思想都为生态文明提供了思想资源和理论指南。可以说,生态文明思想是融汇了生态科学知识和生态人文智慧的科学理论,而作为科学理论的生态文明也将从根本上为人类文明的发展作出更大贡献。

学习思考

1. 除了儒道释外,你还了解哪些中国古代传统思想流派的生态思想?

2. "以人为本"是人类中心主义吗?

3. 如何理解和把握马克思主义生态文明思想与习近平生态文明思想的关系?

阅读参考

[1] 王国聘,曹顺仙,郭辉. 西方生态伦理思想[M]. 北京:中国林业出版社,2018.

[2] 钱易,何建坤,卢风. 生态文明十五讲[M]. 北京:科学出版社,2015.

[3] 尚晨光. 生态文化的价值取向及其时代属性研究[D]. 北京:中共中央党校,2019.

[4] 王舒. 生态文明建设概论[M]. 北京:清华大学出版社,2014.

[5] 郇庆治,李宏伟,林震. 生态文明建设十讲[M]. 北京:商务印书馆,2014.

[6] 陈金清. 生态文明理论与实践研究[M]. 北京:人民出版社,2016.

[7] 乔清举.儒家生态思想通论[M].北京:北京大学出版社,2013.

[8] 贾卫列,杨永岗,朱明双,等.生态文明建设概论[M].北京:中央编译出版社,2013.

[9] 刘经纬,等.中国生态文明建设理论研究[M].北京:人民出版社,2019.

[10] 余谋昌,雷毅,杨通进.环境伦理学[M].北京:高等教育出版社,2019.

[11] 马克思恩格斯文集(第1-10卷)[M].北京:人民出版社,2009.

[12] 刘希刚,徐民华.马克思主义生态文明思想及其历史发展研究[M].北京:人民出版社,2017:21.

[13] 杜秀娟,陈凡.论马克思恩格斯的生态环境观[J].马克思主义研究,2008(12):81-85.

[14] John Clark. Marx's Natures:A Response to Foster and Burkett [J]. Organization & Environment, 2001,14(4):432-442.

[15] 约翰·贝拉米·福斯特.马克思的生态学:唯物主义与自然[M]. 刘仁胜,肖峰,译.北京:高等教育出版社,2006.

[16] Andre Gorz. Ecology as Politics[M].Boston:South End Press,1980.

[17] 詹姆斯·奥康纳.自然的理由——生态学马克思主义研究[M].南京:南京大学出版社,2003.

[18] 刘希刚. 马克思恩格斯生态文明思想及其在中国实践研究[D].南京:南京师范大学,2012.

[19] 赵惠霞.生态文明建构与"人的自然化"[J].南通大学学报:社会科学版,2017(1):9-15.

[20] 潘岳.论社会主义生态文明[J].绿叶,2006(10):10-18.

[21] 贺祥林,江丽.关于生态文明的几点思考[J].湖北大学学报:哲学社会科学版,2016(5):1-8,160.

[22] 徐民华,刘希刚.马克思主义生态文明思想与中国实践[J].科学社会主义,2015(1):68-73.

第三章
国外生态文明的理论与实践

生态文明是人类反思全球性生态环境问题的过程中就自身的基本生存和发展问题作出的理性选择和科学回答，它不仅仅是文明理论研究的新课题，更是文明实践活动的新方向。① 随着工业文明的发展和人口的不断增加，西方发达国家先后遭遇了严重的生态环境问题。对此，一些学者从不同的角度展开了理论反思和批判，提出了许多有益的思想和观点，如生态哲学、生态伦理、生态经济、循环经济、稳态经济、可持续发展、生态现代化、生态自治、构建生态国家等思想理论，为确立生态理性、生态优先的原则，推进绿色发展和生态文明建设奠定了必要的思想基础，对马克思主义生态文明理论的形成和我国生态文明建设具有一定的启示意义。

第一节　国外生态文明理论

人类反思近现代生态环境问题而形成的理论，涉及经济、政治、文化、社会和生态等各个领域。下面重点概述几种涉及生态文明的世界观、价值观和发展观理论。

一、生态哲学和生态伦理学思想

工业革命的现代化浪潮使地球上的自然资源能够源源不断地被开发出来，并为维持工业文明的发展而服务。与此同时，有害气体、污水和固体垃圾等也源源不断地被制造出来，日复一日地侵害着我们赖以生存的自然，造就了人类生活中不"自然"的自然。由此引发的不满、担忧和反思孕育了关于人与自然关系的新的哲学和

---

① 国外马克思主义生态文明理论研究——张云飞教授访谈[J]. 国外理论动态,2007(12):1.

伦理学思想。如今,生态哲学和生态伦理学已成为体系化的显学,涉及回归自然的浪漫主义思潮、"敬畏生命"的伦理学、维护大地共同体的"土地伦理"、主张走向荒野的生态哲学和自然价值论等哲学理论。

1. 梭罗浪漫主义的自然观

梭罗(Henry David Thoreau,1817—1862)是 19 世纪美国作家、自然主义者、超验主义者和哲学家。张云飞认为,梭罗不仅是一位自然哲学家,也是一位活跃的生态学家,他的哲学思想明显已经超越他所处时代的基调。从梭罗的作品和生活中不难窥到其作为浪漫派的生态立场和对地球浓烈而特殊的感情,同时其中还蕴含着一种日益成熟的生态哲学。梭罗的思想对现代生态运动的实践主义具有精神和先导作用。①

1817 年梭罗出生在康科德市,其生平并不复杂。他 1837 年从哈佛大学学习后回到家乡教书两年,后来成为爱默生的助手,为这位伟大的美国浪漫主义者、作家、思想家工作了两年。1845 年,他摆脱了金钱的羁绊,在离康城不远的瓦尔登湖畔建了一间小木屋,开始了孑然一身、自耕自食、回归自然的隐居生活。这一年成为他人生的转折点。在瓦尔登湖自给自足的日子里,他在森林中观察、倾听、感受,在清澈的湖畔沉思、梦想、积淀,以整体主义的生态思维继承和发展了西方浪漫主义思想,写出了美国文学中独特而卓越的生态主义著作——《瓦尔登湖》。其主要观点包括以下几个方面。

第一,自然的每一事物中都存在着"超灵"(Oversoul)或神圣的道德力。大部分论及动物的作品通常将它们当作无生命的物质现象进行论述,忽视了其灵魂和精神,而在梭罗看来,一个动物的灵魂和它生机勃勃的精神对其自身而言是最重要的部分。不仅动物拥有灵魂,植物生命的奥秘同样与我们的生命奥秘大同小异,生理学家不会一概而论地按照机械的规律去解释生命的生长,更不会像解释自造的机器那样来解释生命。所以,人们通过非科学理性的直觉来感受超越物质表象的本质,就能领悟那个把世界融为一体的"宇宙存在之流"(the Current of the Universal)。梭罗的这一思想源自浪漫主义者试图给审慎的科学注入一种异端的万物有灵论成

---

① 亨利·梭罗. 瓦尔登湖[M]. 徐迟,译. 长春:吉林人民出版社,1997:译序[12].

分的主张,也受到古希腊柏拉图主义和斯多葛哲学的理论启发,并带有欧洲民间传统及美洲印第安人传统的文化烙印。

第二,崇敬生命。梭罗十分珍视生命,他对马萨诸塞州的立法机关拨巨款用于所谓有害昆虫和杂草的研究深感不满,谴责它忽视对动物和生物多样性的保护,指责它不舍得花任何钱去了解动植物的价值或保护动物免遭虐待。梭罗在《缅因森林》中写道,"每种动物都是活的比死的好","凡物,活的总比死的好;人、鹿、松树莫不如此。"但是,青年时期的梭罗也接受科学对待生物的无情态度,甚至表示,为满足科学发展需要,他可能会在这条道路上走得更远甚至为此犯蓄意谋杀罪。经过野外生活的体验,他逐渐认识到科学的残忍,并渐渐与先前的自己划清界限,转而认为生命不应该仅仅为了满足农场主的利益、科学家的好奇而受到伤害,进而认识到人类应保持宽广的仁慈之心,"慈善几乎可以说是人类能够赞许的惟一美德"①。

第三,有机界中的所有事物都与整体相联系。受以强调自然的整体性和相互联系关系为核心的浪漫主义自然观影响,梭罗把自然视为一个完整的"社会"。他认为,各地的森林中树木的组成是非常有规则并相互协调的,生活于陆地上的牲畜、水下的游物、空中的飞禽和各种植物都相映成趣,共同构成了完整的自然生境。梭罗担心自培根、笛卡尔以来科学的过度专业化、专门化会影响对自然的"全面了解"。在他看来,任何归雁、蜉蝣、菌菇和大风天气都在自然经济系统中发挥不可替代的作用,在自然循环过程中,没有什么东西是无用的,每一片飘落的叶子、每一根掉落的树枝或腐烂的根须在某个适当的地方都可以有更好的用处,并且最终会在大自然周而复始的循环中集聚为混合体。

第四,关注荒野的价值。在象征工业的先进机器发出的响亮声音中,荒野越来越少。人们越来越认为荒野迟早会被人类开发殆尽。梭罗并不认同这种对待荒野的看法。他在1859年写道:"我们所谓的荒野,其实是一个比我们的文明更高级的文明。"生态的演替提醒他要关注自然和荒野中"大自然中不可抑制的活力"。梭罗积极向有关当局建议,提出每个城镇都应该保留一块"原始森林"。他认为,如果没

---

① 亨利·梭罗. 瓦尔登湖[M]. 徐迟, 译. 长春:吉林人民出版社,1997:69.

有一块面积 500~1 000 英亩①的公共荒野,那么无论花费多少钱用于城市的教育、医疗和经济建设,城市的设施都不能说是完全的,因为人们无法在那儿感知自然的经济体系是如何发挥作用的。

第五,自然界是一个共同体,是广阔宇宙的血缘家庭。作为浪漫主义的代表性术语,梭罗所谓"共同体"是扩展的共同体(Expanded Community)或"爱的共同体"。他将麝鼠看作自己的兄弟,把斑鸠当作同辈和邻居,把臭鼬视为一个性情不温不火的人,把朝夕相伴的植物视为"住在一起的居民",甚至将星星也变成了"亲密的伙伴"。他将周围的一切视为完整的、没有任何的等级和歧视的共同体成员。梭罗认为,科学在主客体之间划出明确的鸿沟以追求所谓客观性的认识是片面的。人们必须反省自己的行为,才能达到对自然的真正认识。其方法就是"以自然观察自然",通过洞察内心来洞察宇宙。以"爱"和"同感"为基础,使"爱"和"同感"上升为一种道德认识,使精神和物质之间相互依存、达到"完善的一致"。换句话说,就是"爱"和"同感"的道德认识可以消弭主客二分的界限,使得人与动物、植物连成了一个不可分割的完整共同体。这就是他为什么反对把人提升到高于其他事物或者认为人有比其他自然物更有特权的理由。他认为,"没有任何理由崇拜人",只有当人们从自然的、共同体的角度看问题时,人类的前景才是无限广阔的。人类只属于哲学的一种历史现象,宇宙的远大意义不能只限于为人类提供庇护。梭罗虽然没有正式使用"生态伦理"一词,但他的"爱的共同体"理念却蕴含着某种生态伦理观念。

虽然梭罗的思想来自其所处的时代,但他提出了这些超越时代的思想并坚持为之孤军奋战;即便他的思想体系中存在着肤浅的、矛盾的甚至错谬的观点,如他经常在"荒野"与"德性"、"异端的自然主义"与"超验论的道德观"之间摇摆徘徊,但仍无法掩饰其思想的锋芒和价值。他在反击传统、针砭时弊中呼吁人们重视自然和生命,这种思想对后代的影响无疑是无比深远的。在他的作品和思想的启发下,无数的自然主义者纷纷投身于生态运动。

2. "敬畏生命"的伦理学

"敬畏生命"的伦理学诞生于第一次世界大战期间的非洲丛林,是人与人、人与

---

①　1 英亩≈4 047 平方米。

自然关系双重矛盾激化的产物。其主要创立者是法国著名的医生、哲学家、神学家，当代著名的人道主义者阿尔贝特·施韦泽（又译为史怀泽，Albert Schweizer，1875—1965）。1913年，施韦泽获得医学博士，之后携妻前往法属赤道非洲的加蓬，创办丛林诊所和兰巴雷麻风病医院，为当地人民治病，奋斗三十年，赢得了"非洲之子"的称号，并于1952年获得诺贝尔和平奖。爱因斯坦称赞他："像阿尔贝特·史怀泽这样理想地集善和对美的渴望于一身的人，我几乎还没有发现过。"①

针对资本主义工业大发展引发的一种肤浅的乐观主义思潮，施韦泽认为，"我们的精神生活似乎不仅没有超过过去的时代，而且还依赖着前人的某些成就；更有甚者，其中有些遗产经过我们的手而逐渐消失了"。正是非洲爱心服务改变了施韦泽的认识，使他有幸成为环境伦理的重要奠基人。1915年9月的某一天，施韦泽出诊行医，坐驳船经过沙滩，发现左边四只河马和它们的幼崽在河中嬉戏，这一幕深深地感动了他，他的脑海里突然闪现出一个概念："敬畏生命"。由此，施韦泽提出了"敬畏生命"的理念。

"敬畏生命"的伦理学以敬畏一切生命为基石，其主要内容包括以下几个方面。

第一，"敬畏生命"的内涵。"敬畏"（Ehrfurcht）指在面对一种巨大而神秘的力量时油然而生的敬畏或谦卑意识。"生命"则泛指每一个生物的生命。这不同于传统文化和伦理只看人类生命而忽视其他生命。实际上，在施韦泽看来，我们越是观察自然，就越能清楚地意识到，大自然是饱含生命的……所有的生命都有其奥秘，人类与自然中的生命紧密相关。因此，人不能只为自己活着，也要对人之外的生命负责。因为任何生命都有价值，我们和它们密不可分。从这种认识出发，我们才能意识到与宇宙的亲和关系。因此，敬畏生命不仅适用于精神的生命，而且也适用于自然的生命。人越是敬畏自然的生命，也就越敬畏精神的生命。善待一切生物就是"敬畏生命"的基本内涵。我对任何生物所给予的善意，就是要有益于保持和促进它们的生存。"敬畏生命"伦理的支点便是保护、促进、完善所有的生命。

第二，敬畏生命伦理思想的基础。(1)以"生命意志"为基础的价值理论。在施

---

① 阿尔贝特·史怀泽. 敬畏生命——五十年来的基本论述[M]. 陈泽环，译. 上海：上海社会科学院出版社，1999：代序(1).

韦泽看来,在人类生存着的每时每刻都要认识到这样的事实:人类是需要生存的生命,而人类同样是在要求生存的生命之中。因此,人类有必要感受到其他生物对生存的需要,要满怀同情地对待自然中生存于人类之外的所有生命。但是,世界的生命意志并不是完整的。"这个世界是生命意志自我分裂的残酷战场。生存必须以其他生命为代价,即这生命只有通过毁灭其他生命才能持续下来。只有有思想的人才能懂得其他生命意志,并与它休戚与共。"①敬畏生命所需要做的就是对这种自我分裂的生命意志进行扬弃。(2)以"生命神圣""生命平等"为基础的理论。生命的神圣在真正伦理的人看来是毋庸置疑的,即便从人类立场出发来看待低级的生命也是如此,只有在特殊而具体的情况下受到强制性要求他才会作出区别。例如,为了挽救病人的生命不得不消灭病原体。人类在价值观上要做到对所有生命一视同仁。倘若不能够做到,那么人就会以人类为标准去认定一些生命的存在是没有价值的,从而使伤害、毁灭生命的行为变得无关紧要。因此,敬畏生命的伦理否认生命有高级低级之分,也否认以价值区分生命。(3)深厚的思想文化基础。不难看出,敬畏生命伦理学是对古代尊重生命文化的继承和发展。一方面,施韦泽的敬畏生命的思想与基督教救赎教义的复活相关,当别人评论施韦泽的思想实则为圣弗兰西斯科(圣方济名)·冯·阿西斯(1182-1226)的思想复活时,他自己也大方承认并表示,从大学时代起,自己便已成为圣弗兰西斯科·冯·阿西斯的最深刻思想的敬仰者。另一方面,施韦泽的生态伦理思想是东方哲学的现代形式。在古代中国,孟子曾以质朴感人的语言讲述对生命的同情,庄子以玄幻的笔调书写自然的奥秘,更有关于养林、休耕休渔等可持续发展的长远规划,这种对自然对生命的敬畏在道教中体现得淋漓尽致;在古代印度,不少宗教和思想家也认为人和动植物的一切生命都属于一个整体,因此在古印度的宗教原则和哲学原则中都有着不伤害生命的禁令。虽然来自古代东方的这些哲学思想并不完整,但仍为敬畏生命的伦理思想提供了借鉴资源。从另一方面看,敬畏生命伦理学同样也是对欧洲文化危机反思的结果。缺失肯定生命价值的世界观和伦理观是导致欧洲文化在该时代发展衰败的重要原因之一,而在这

---

① 陈泽环,朱林.天才博士与非洲丛林——诺贝尔和平奖获得者阿尔贝特·施韦泽传[M].南昌:江西人民出版社,1995:105-106.

时诞生的敬畏生命伦理思想则是对欧洲不完整的文化的补救。

第三,敬畏生命伦理思想的本质。"只有当人认为所有生命,包括人的生命和一切生物的生命都是神圣的时候,他才是伦理的。"①施韦泽批评过去的伦理学只涉及人对人的行为关系,因而是不完整的,而敬畏生命的伦理思想可以阐明人与其他生命的相互联系。他认为伦理与人对所有存在于他范围之内的生命的行为都有关系。敬畏生命伦理学作为一场伦理学观念革命,将基于爱的原则的道德关爱从人与人之间扩大到了动物界乃至一切生物界。"如果只承认爱人的伦理,人们就可能无视这一事实:由于承认爱的原则,伦理就不可规则化。但是,如果把爱的原则扩展到一切动物,就会承认伦理的范围是无限的。从而,人们就会认识到,伦理就其全部本质而言是无限的,它使我们承担起无限的责任和义务。"②敬畏生命的伦理学作为一种新的、完整的伦理学,在根本上是完全不同于仅拘泥于"人"的伦理学,它显然更具有深度、活力和发展潜力。

第四,敬畏生命伦理思想的原则。施韦泽指出敬畏生命伦理思想的第一个原则,即最普遍、必然和绝对的原理是:有思想的人在对待其他生命意志时应当像对待自己的生命意志一样,可以保存生命、促进生命,让生命在发展过程中实现其最高价值。而恶则是伤害生命、压制生命的发展。第二个原则体现为人们不能仅为摆脱物质困乏而努力,应当更多地把人性、道德、自我价值和现实生活相统一,敬畏生命的信念强调人道观念是应不惜任何代价而加以维护的财富。第三个原则,生命意志自我分裂的法则限制着所有的生物生存与发展,为实现人类的需求而导致其他生命的牺牲是难以避免的,正是因此,人类才更应该对这些因自己而牺牲的生命持以感恩之心和怜悯之心。总之,施韦泽强调,只有关注生命的合目的性,才能保护和促进生命的发展。

第五,敬畏生命伦理思想的意义。施韦泽的伦理学思想对于提升生命价值、人生意义、加速经济发展、促进社会进步和确保和平的进程具有深远意义。首先,敬畏

---

① 阿尔贝特·史怀泽. 敬畏生命——五十年来的基本论述[M]. 陈泽环,译,上海:上海社会科学院出版社,1992:9.

② 阿尔贝特·史怀泽. 敬畏生命——五十年来的基本论述[M]. 陈泽环,译,上海:上海社会科学院出版社,1992:76.

生命的伦理学理论是引导人们接受正确教育的基本原则之一。它规定了人的内在完善的内容，使人获得完整、纯粹和现实的文化理想并促进个人和人类在各个方面实现他们的最高价值。其次，敬畏生命伦理要求现代国家成为精神的和伦理的国家，"只有新的信念在国家中占主导地位，现代国家才能实现内部和平；只有现代国家之间产生了新的信念，它们才会相互理解并停止相互残杀；只有现代国家以不同于过去的信念对待殖民地，它们的罪过才不会增加"①。再次，在面对核武器威胁尚未消除、战争阴影尚未褪去的时代时，在全世界范围内传播敬畏生命的信念显得尤为重要，应当使其形成一种精神，只有世界各国的人民发自内心接受这种和平信念并将这种精神贯彻下去，世界才能维持长久而安稳的和平。最后，施韦泽这种敬畏生命的伦理思想是以批判神学与哲学、思考欧洲文化危机根源为前提的。它有助于人们检讨传统道德的消弭，并审视除去自己之外的生命状况。但它仍有着缺乏逻辑分析的缺点，其神秘特征在某种意义上掩盖了其思想的光芒，并弱化了其实际应用的效果。尽管这样，施韦泽的敬畏生命思想与生态学家关于生物共同体的思想仍具有一致性，环境主义运动正开始朝着它所要走的方向大胆前进。

3. 像山一样思考的"土地伦理"

被称为"现代环境伦理学之父"的美国环境保护主义先驱、野生动物管理学家、思想家奥尔多·利奥波德（又译莱昂波尔德，Aldo Leopold，1887—1948）创立了像山一样思考的生态思维和"土地伦理"思想。

利奥波德面对19世纪后期美国经济迅速发展而导致诸多物种灭绝和资源浪费等问题，认为以经济发展为根本目的的资源保护运动并不能从根源上解决资源枯竭和环境恶化问题。在威斯康星大学农业管理系的任教经历及1935年创建荒野学会并远离都市的乡村生活经历，逐渐使他形成了一种高尚的对待土地的谦恭态度。而濒临灭绝的狼嗥点醒了利奥波德，使他认识到只有以像山一样思考的生态思维而非以经济思维考虑环境问题，才能解决环境资源的难题。他注意到了环境的内在联系，尤其是人的行为对环境的影响。《沙乡年鉴》中利奥波德创造的大地伦理学是生

---

① 阿尔贝特·史怀泽. 敬畏生命——五十年来的基本论述[M].陈泽环，译，上海：上海社会科学院出版社，1992：41.

态整体主义的最早形态,作为其思想结晶的《土地伦理》这一著作则是其思想成熟的巅峰之作。

利奥波德的"土地伦理"的主要观点有以下几个方面。

首先,伦理关系是扩展的。利奥波德从一个完全新颖的角度去诠释了道德的渊薮及其意义。在利奥波德看来,道德是源于"个人是一个由相互依赖的部分组成的共同体的一名成员"对自由运动的自我限制。从哲学视角来看,这种伦理是对社会及反社会的行为的鉴别;而从生物学角度看,则是一种对物竞天择中行动自由的限制。基于此,利奥波德概括了伦理演变的三个顺序:最早的伦理观念用于规范人与人之间的交往行为,如摩西十诫;随后增加了个人与社会关系的相关内容,如社会契约、资本主义的民主;但时至今日,仍未有人提出关于人与土地,乃至人与土地上生存的其他生物之间的伦理关系的概述,因此,现代伦理极有可能向人类环境进行延伸,实现第三步的迈进。从利奥波德思想出发,第三步所发展的伦理必然为萌生于资源保护主义的土地伦理,它是认识各种生态形势的指导模式。

第二,伦理标准应当从生态学意义上去理解,而非停留于功利的经济学视角。利奥波德在《土地伦理》一文的开篇居首便叙说了《荷马史诗》中的伟大英雄、德高望重的俄底修斯绞死女奴隶的故事,由于在当时的时代女奴只是一种财产,绞死女奴并不会受到当时的伦理道德谴责。自那之后的 3 000 年间,伦理标准经历了各种各样的变化,但令人感到遗憾的是这种变化始终未超出经济学视角,始终围绕着功利的视角变化。倘若在资源保护体系中也效仿以上,皆以经济动机为落脚点,那么在土地共同体中的很多部分都会因为不满足经济效益而被抛弃甚至消灭,许多昆虫和鸟类将会因为没有经济价值而被驱逐,狮子老虎等具有攻击性的食肉动物也将被灭绝,甚至很多针叶树木因为木材不适用而被砍伐殆尽,甚至如沼泽、沙漠、泥塘等具有整体性特点的生物群落共同体也会被大面积"清理",从而导致更多的物种灭绝和资源浪费。由此可见,转变经济思维为生态思维,修订伦理标准势在必行,人们应当打开格局获得更高的价值视角。这既是对待人与自然关系的伦理标准,又是土地伦理的全部内涵。由此可见土地伦理作为一种指导土地关系的伦理观,蕴涵着对土地深厚的爱意和尊敬,是一种以谦卑的态度赞美土地价值的新型伦理。

第三,水、土壤、动植物和人类一样均有继续存在下去的权利。利奥波德批判了人类很早便在高声赞颂热爱土地和地球家园并对它们承担保护责任的行为。他认为,这种认知遮掩了人类对待其他生物和水土资源的态度始终由它们的经济价值所决定,而对于它们的其他功能却选择忽视的内在本质。虽然在不具有土地伦理的进化论者和仁慈主义者的认知中也存在着小鸟无论有无经济价值都应当存在的观点,但这种肯定并不是像土地伦理一样关注所有的生物生存权利,而仅仅是对生命个体尤其是对高等动物生存权利的肯定。美国环境伦理学史专家纳什对利氏的生物权利评价甚高:"关于非人类存在物的大自然的'生物'权利观念是奥尔多·利奥波德40 年代提出的大地伦理学的核心","关于生物权利的这一观念是《沙乡年鉴》的思想炸弹"①。

第四,土地是有机体和共同体。"像山那样思考"这句简单生动却富有含义的话深刻反映了利奥波德的有机生态观,在《让德河》中,他这样写道:"与土地的和谐就像与朋友的和谐,你不能珍视他的右手而砍掉他的左手。那就是说,你不能喜欢猎物而憎恨食肉动物;你不能保护水而浪费牧场;你不能建造森林而挖掉农场。土地是一个有机体。"利奥波德认为,地球是具有生命的,不是"僵死的",在他看来地球的生命力在强度上虽不如普通的生命体,但在时间和空间上要比一般生命体宏大得多。在土地伦理的叙述上,他认为土地伦理仅仅是扩大了这个共同体的界限,他把土壤、水、动植物概括起来称为土地,在土地这个扩大的共同体中,人只是一个普通成员,与游鱼飞鸟、花草树木、山川湖畔拥有平等的权利。但是非要强调人类的特殊性的话,人与土地共同体中其他成员最大的区别在于人类拥有改变自然环境的巨大技术能力,因此,人类更需要土地伦理对其行为进行约束。

作为现代整体主义伦理学和生物中心论的思想渊源,利奥波德的土地伦理思想对现代伦理学的发展起着重要的作用。虽然利奥波德的思想或多或少地存在着自相矛盾和有待进步的地方,比如强调生物个体权利与突出土地共同体的整体伦理相矛盾;没有对经济学的伦理观点与生态学的伦理观点进行清晰区分;其著作在出版时困难重重,销量一般。然而随着新环境保护运动在 20 世纪 60 年代末 70 年代初

---

① 　纳什.大自然的权利:环境伦理学史[M].杨通进,译.青岛:青岛出版社,1999:165,85.

逐渐兴起,"利奥波德的'土地伦理'恰似茫茫夜空中的北斗,真正显示了它的光彩。"①随着为满足经济发展过度开发所导致的极端天气、资源枯竭、环境恶化等全球生态环境问题的加剧,人们也更加意识到环境伦理的重要性,"土地伦理已经不是一个不可企及的乌托邦思想,它所期以实现的稳定、和谐、美丽的土地共同体,也不是一个想象中的伊甸园了。"②

4. "荒野哲学"和自然价值论

这里所谓荒野哲学和自然价值论,以足迹遍布五大洲的环境哲学家、被誉为"环境伦理学之父"的罗尔斯顿(Holmes Rolston Ⅲ,1932—)的思想为代表。其思想理论的诞生受到两方面的影响,一是受罗尔斯顿自身浓厚的科学兴趣、自然情结和思维方式所影响,二是受到20世纪五六十年代以来环境问题的凸显与环境运动的涌现的影响。

罗尔斯顿认为生命的意义在其自然性,而人类往往忽视了生命的自然性。哲学家不仅要考察城邦和文化,而且要积极主动地对生命进行哲学思考。罗尔斯顿以生态学知识论为依托建构了一种相互依存的生态伦理道德体系,企图运用大量生态学原理来改造传统伦理道德体系,这种伦理道德基于生态学整体论原则,以其整体主义思维方式来驳斥、洗涤还原论与机械论。他认为想要实现个体价值,必须满足与服从共同体整体利益和其他物种利益,不可以为实现个性自由而忽视整体价值,且只有兼具目的意义和手段功能的存在物才能实现其价值。与此同时,罗尔斯顿还通过对进化论的解读参悟出人类应当从道德上关怀大自然的道理,并引用了大量进化论观点来支撑自己的论证,他认为生命的诞生、发展、进化都有其规律,人类的产生并非偶然,其他物种的存在是人类存在的根基,因此人类应当尊重其他生命,杜绝骄傲自满、蔑视生命。然而,罗尔斯顿所提出的应给予整体主义生态系统的道德关怀和平等对待不同物种的观念与西方传统伦理文化相矛盾,于是他将目光投向了东方文化,以寻求伦理的正当性支持。

《哲学走向荒野》是罗尔斯顿生态哲学思想的体现,也是其自然价值论的世界观

---

① 奥尔多·利奥波德. 沙乡年鉴[M]. 侯文蕙,译. 长春:吉林人民出版社,2000:236.
② 奥尔多·利奥波德. 沙乡年鉴[M]. 侯文蕙,译. 长春:吉林人民出版社,2000:237.

基础。继语言转向、认识论转向、文化转向后,哲学正朝着荒野而去。这种转向的基本原因在于哲学家、思想家们通过观察人类与地球、人类与生态系统的关系变化而进行了谨慎反思。相比于西方传统伦理学以人为立足点,《哲学走向荒野》打破了长期以来的以人的需要为根据的价值论框架,这不仅是其对哲学领域中日益加深的生态危机的回应,还是对荒野及其价值的重新审视、对人在生态共同体中的重新定位,更是对哲学与荒野进行和解的一种期望。

因此,以荒野哲学为基础的自然价值论是一种客观的内在价值论。其主要内涵和实质如下。

第一,自然价值存在于自然之中,是自然所创造的。罗尔斯顿认为,自然价值具有客观性,不因人为原因而产生,不以人的意志为转移。自然界本身存在的价值在人类创造价值概念之前便诞生了,且这种价值是由自然孕育而成,不是存在于超过自然范畴的虚空中。当然也可以把自然价值等同于自然物所具有的客观属性,将其视为事物所具有的某种属性,但只有具有有序、组织、进化等质的规定性的属性才能充当自然价值,而非所有的属性都可以等同为自然价值,其中代表着自然界中新属性不断产生的创造性是价值属性中最重要的特征,因为它控制着自然界走向多样化、复杂化、有序化的进化方向。"自然系统的创造性是价值之母;大自然的所有创造物,就其作为自然创造性之实现而言,皆具有价值。"[1]"价值存在于自发创造之所。"[2]

第二,自然价值总体上可划分为内在价值、工具价值和系统价值等三大类。内在价值是对人的非工具性价值,指的是在非人力干涉的情况下大自然所呈现出的对所有生命的支撑或承载上的意义与功能。不同于人本主义的自然价值观中工具性价值的定义,罗尔斯顿将工具价值划分为三种形式:一是以人化自然的方式而产生的自然的工具价值;二是以自然的方式而产生的自然的工具价值;三是以体验和感受自然的方式而产生的自然的工具价值。系统价值是指生态系统可以持续创造自

---

① Holmes Rolston Ⅲ. Environmental Ethics:Duties to and Values in the Natural World[M], Philadelphia:Temple University Press, 1988:198-199.

② Holmes Rolston Ⅲ. Environmental Ethics:Duties to and Values in the Natural World[M], Philadelphia:Temple University Press, 1988:200.

然价值的性质,体现了生态系统作为整体的创造性。

第三,内在价值、工具价值和系统价值的关系。系统价值,作为最根本的价值决定着内在价值和工具价值。内在价值与工具价值相辅相成,缺一不可。在罗尔斯顿看来,一个人倘若只培育内在价值而忽视社会性的工具价值,那么这个人便是狭隘与自私的,一个人的内在价值,如创造性,离不开给他人带来利益的能力。人应当立足整体。"内在价值只有植入工具价值才能存在。没有任何生物体仅仅是工具,因为每一生物体都有其完整的内在价值。但是,它也都可能成为其他生物体的牺牲品,此时其内在价值崩溃,化作了外在价值,其中一部分被作为工具价值转移到了另一个生物体。从系统整体来看,这种个体之间的价值转移,是使生命之河在进化史上沿着生态金字塔向上流动。生物体这样不停地将别的生物化作自己的资源,是将内在价值与工具价值统一起来了。"①内在价值和工具价值相互联系、彼此交织,共同作用于生态系统中,并在生命和物种间流动,为生态系统的稳定与完善发挥着彼此的功能与作用。

按自然价值的功能,罗尔斯顿把其细化为 14 种价值,包括科学、经济、消遣、审美、生命支持、塑造性格、使基因多样化、历史、文化象征、多样性与同一性、稳定性和自发性、辩证、生命以及宗教等内容。罗尔斯顿这样做的目的是要将自然主义的自然价值观从人本主义自然价值观中剥离出来。其进一步的意义在于为具有评价能力的人类确立遵循大自然的伦理义务,即环境伦理。

从荒野哲学到自然价值论再到环境伦理,罗尔斯顿建构了一个以荒野自然观为本体论、以生态整体主义为认识论与思维方法、以自然内在价值为价值论的一个开放的环境伦理学体系。这为生态文明实践提供了一个新的世界观、价值观体系。

二、生态经济理论

由于受到当代绿色思潮的影响,传统经济理论受到理论与现实的双重挑战,这促使着新经济理论的话语构建朝着绿色生态的方向演变。其中生态马克思主义、马克思生态学、有机马克思主义等流派的思想在生态环境、资源枯竭等问题上对传统

---

① Holmes Rolston Ⅲ. Philosophy Gone Wild: Essays in Environmental Ethics [M], New York: Prometheus Books, 1986:133.

工业化、现代化和资本主义生产消费方式的批判,促进了人们对资本主义政治制度、经济、文化等方面的深刻反思。

生态经济基本理论包括社会经济发展同自然资源和生态环境的关系,人类的生存、发展条件与生态需求,生态价值理论,生态经济效益,生态协同发展等内容。生态经济学是研究经济系统和生态系统的复合系统的结构、功能及其运动规律的学科,具有层次性、战略性、地域性和综合性的特点。作为一门研究生态经济系统结构及其矛盾运动发展规律的理论,生态经济理论的发展具有历史普遍性,随着社会生产力的发展呈现阶段性特征。"生态经济学"这一概念由美国经济学家肯尼斯·鲍尔丁在 20 世纪 60 年代发表的《一门科学——生态经济学》一文中正式提出,随后在环保运动和绿色思潮的推进和发展中而逐渐形成了体系化的理论。

作为以修正、创新生态与经济的关系为关注点的生态经济理论,在正视人对生态的需求和生态资源的有限性之外,它还以人类经济活动为中心,探索生态系统和经济系统的相互作用及其矛盾运动,关注环境污染、资源浪费、生态破坏产生的原因及其解决方法,同时对生态经济区划、规划与优化模型,生态经济管理和生态经济史给予关注。生态经济学的核心理念比较强调社会经济发展同自然资源能源和生态环境的关系,寻求人类经济发展和生态发展相适应、相平衡的途径。生态经济理论通常倡导生态价值、生态效益与生态经济的协同发展,由于人类的经济活动无法脱离生态要素的支持,因此经济效益受到生态效益的制约并以生态效益为基础,而生态环境所产生的生态效益则是由生态环境诸要素的共同作用所决定的。

生态经济之路是实现可持续发展的必经之路。第一,充分利用经济规律和自然规律的综合作用,把握人与自然的关系和人与社会的关系。人、社会与自然的和谐统一是密不可分的整体,因此人类理应尊重自然规律、经济规律、社会规律。没有平衡的生态环境,社会和人的发展将无从谈起。人与人和睦相处、平等相待、协调地生活在社会大家庭之中,这一切都不能没有平衡的生态环境。第二,坚持可持续发展。这就要用和谐的眼光、和谐的态度、和谐的思路和对和谐的追求来发展生态经济,走人与自然和谐之路,不断改善生态环境,提高自然利用效率,充分强调生态保护对国民经济和社会发展的重要作用,充分认识到:保护生态环境,就是保护生产力;改善生态环境就能发展生产力。第三,解放思想有利于更新生态经济观念。创立生态经济的发展模式,要将生态建设与经济发展相结合,实现经济效益、生态效益、社会效益三者的协调统一。在减少生态破坏、资源浪费的前提下加强经济建设,通过完善基础设施建设为生态经济发展提供支撑和依托,以发展生态经济为契机,使经济结构调整得更加完善。第四,生态经济是从理论到实践都区别于农业经济和工业经济的新事物。创新是发展生态经济的关键,因此,提高科技创新能力,促进人们素质提高,优化发展环境和机制,有利于促进生态经济健康有序发展。

生态经济学作为一门在更广范围内讨论生态系统和经济系统二者之间关系的新经济学,主要强调经济学和生态学的相互渗透、相互结合,它承认了自然、人、社会的整体性,在承认自然、人和社会的创造价值的同时肯定了人作为价值评价主体的自然属性。生态经济学理论在论述其主要内容,即保证经济增长和生态环境的可持续性、基于复杂系统的角度研究生态经济问题、实现经济系统和生态系统协调发展的最理想模式的同时,对现代经济增长理论持否定态度。生态经济学颠覆性地挑战了"自然无生命"和"自然无价值"的观念,该学科的诞生意味着生态经济价值观的确立,为人与自然、社会与自然之间建构新的生态经济关系指明了方向。正如罗尔斯顿所指出的,这个世界的实然之道蕴含着它的应然之道。①

三、生态现代化理论

生态现代化理论(Ecological Modernization Theory,简称 EMT)是目前发达国家的环境社会学的主要理论之一,它是由德国学者胡伯(Huber)于 1985 年率先提出的。作为一种乐观的环境社会学理论,生态现代化理论的概念最早由德国柏林自由大学和社会科学研究中心的一批研究者提出,于 20 世纪 80 年代形成。随着时代的发展变化,生态现代化理论在欧洲、北美、日本和其他地区广受地方学者和政策制定者的喜爱。《中国现代化报告 2007——生态现代化研究》对这一理论及其应用作了比较系统的阐述。

1. 生态现代化理论兴起的背景和发展的简要历程

生态现代化理论兴起的背景与西方发达国家在农业文明转向工业文明的现代

---

① 霍尔姆斯·罗尔斯顿. 环境伦理学:大自然的价值以及人对大自然的义务[M]. 杨通进,译. 北京:中国社会科学出版社,2000:313,448.

化过程中走了一条先污染后治理的道路有关。这条道路使西方发达国家在 20 世纪六七十年代遭遇了因生态环境问题而引发的环境运动和绿色思潮。《寂静的春天》的发表、《增长的极限》等报告的发布,促使环境政治运动在各方面展开,生态现代化思想在以环境为导向的工业社会转型的背景下应运而生。

生态现代化理论从诞生至今的应用过程大体上可划分为三个阶段。第一阶段是 20 世纪七八十年代。"生态现代化"概念率先由两位思想家提出,马丁·耶内克首次提出这一概念,随后约瑟夫·胡伯明确了"生态现代化"的使用范畴。在该阶段,生态现代化理论的主要观点为强调政府的作用,在关注政府对环境政策改革的影响中协调政府和市场的关系,突出科学技术在工业化向生态化转型过程中的运用、传播。第二阶段是 20 世纪 90 年代,该时期是生态现代化理论的发展时期,涌现了多个代表人物。哈杰尔在该时期为强调自我反省和非政府组织在生态环境建设中的重要作用而提出了"技术—组合主义的生态现代化""自反性生态现代化"观点;克里斯托弗则将生态现代化区分为代表着单纯技术论观点的"弱的"生态现代化和等同于社会结构优化论的"强的"生态现代化;科恩提出了强调政府严格管控和预警的生态现代理论,重视生态责任组织内在化及多方合作的原则。第三阶段是 20 世纪末至今。全球化发展进程与生态环境问题日益紧密交织,随着全球化的深入,生态现代化理论也得到了进一步的扩展。在这一阶段,生态现代化理论主要强调市场、政府、科学技术的作用和社会运动的地位,强调其核心是社会和制度的转变,重视话语实践和意识形态的转变,强调生态现代化的推动力和实践特征。

经过三个阶段的发展应用,生态现代化成为影响世界现代化方向的重要理论。

2. 生态现代化理论的基本内涵

关于生态现代化的内涵并无统一定义。具体而言,生态现代化理论有以下代表性理论观点。

(1) 欧洲的生态现代化理论

荷兰学者摩尔认为,包括德国、荷兰、英国在内的部分西欧国家早在 20 世纪 80 年代早期,就提出了生态现代化理论。作为一种追求经济发展、社会公正和环境友好发展并以欧洲经验为基础的新模式,生态现代化理论是强调经济增长与环境保护相互协调,经济发展与环境压力脱钩的经济和环境的双赢模式。例如,胡伯认为生态现代化不仅是生产和消费模式的生态转型过程,还是一个广泛的社会过程,其目的在于利用人类智慧去协调经济发展和生态保护共同进步。

流行于欧美和少数亚洲国家的生态现代化理论并没有统一定义,概括来讲可分为四层含义:第一,生态现代化是为环境改革提供一种社会学解释的环境社会学理论;第二,生态现代化是理解和分析技术密集的环境政策和生态转型的新范式;第三,生态现代化反映了 20 世纪 80 年代以来发达国家在经济和环境改革相关方面的进步;第四,生态现代化是一种包括生产和消费模式、环境和经济政策、现代制度与先进科技等内容的社会变迁理论,概括了由环境意识引发的社会制度及经济模式的转变过程。

(2) 广义生态现代化理论

广义生态现代化理论是何传启研究员在《中国现代化报告 2007——生态现代化研究》中提出来的,他认为生态现代化理论是生态现代化研究的"第三代理论",是欧洲生态现代化理论在世界范围和现代化意义上的拓展和应用。在他看来,现代社会的大部分环境问题是人为因素导致的,而这些人为导致的问题需要从"人"出发才能得以解决。生态现代化不仅仅要以污染治理为出发点,更应该关注人的行为模式的转变,从根源上解决环境难题。通过改变人们的生态意识,转变经济和社会发展模式,实现高效低能、脱钩双赢,达到环境保护和经济发展双赢的互利共生。

同样,广义的生态现代化理论也有其含义:第一,生态现代化是现代化与自然环境的一种互利耦合,是现代环境状况和生态意识发展所引发的世界现代化的生态转型,它包括从物质经济向生态经济、物质社会向生态社会、物质文明向生态文明的转变,自然环境的优化和生态系统的改善,生活质量的提高,生态结构、制度和观念的转变,以及国际形势和地位的变化等。第二,生态现代化是一个阶段性、长期性的历史过程。从 20 世纪 70 年代到 21 世纪末,生态现代化大致包括相对非物化和绿色化、高度非物化和生态化、经济与环境双赢、人类与自然互利共生四个阶段。第三,生态现代化是一场国际竞赛,在这长达 100 年的竞赛中各国相互追赶,为达到和保持在国际上的先进水平而对国内生态效率、结构、制度和观念进行转变,从而提升生态效率。第四,生态现代化具有国内进程绝对化和国际进程相对化两个视角。国内进程绝对化指的是在生态现代化过程中国内现代化与自然环境的良性耦合,而国际进程相对化指的是在国际竞争中各国生态现代化进程有先后之分。

全面生态化路径、综合生态化路径和经典现代化路径为广义生态现代化的三条基本路径。预防原则、不等价原则、非物化原则、创新原则、效率原则、绿色化原则、民主参与原则、污染付费原则、生态化原则、经济和环境双赢原则是广义生态现代化的十大基本原则。当然,自然科学、技术科学、社会科学、人文科学和综合学科的许多原则和定律也同样适用于生态现代化。

除去原则和路径,广义生态现代化也具有基本要求,那就是"三化一脱钩"。

"三化"指的是非物化、绿色化、生态化。首先,非物化又称为轻量化。其基本内涵是高效低耗和高品低密。高效指的是提高效率,其中包括提高物质生产率、资源生产率、土地生产率等。低耗则是指降低能耗,包括降低经济和社会的物质消耗、资源消耗、能源消耗等。高品指提高品质,提高经济品质和生活品质等。低密为降低密度,其中涵盖降低经济和社会的物质密度、能源密度、资源密度、碳能密度等。其次,绿色化。其基本内涵是清洁健康、无毒无害,包括:降低对环境和健康的有毒有害物的生产和排放,无毒化、无害化、低排放和环境治理等。发展绿色经济,开发清洁能源,促进绿色产品、绿色能源、绿色交通发展,关注人民群众对良好、健康的生活环境的需求,建设环境友好型社会。最后,生态化。其基本内涵是预防创新和循环双赢。其遵循保护自然和生物资源、发展生态工业农业旅游业等预防原则和环境友好的知识创新、技术创新和制度创新等创新原则。发展循环经济,提高废物利用率,促进资源再循环,在关注经济发展的同时加强生态建设,实现经济和环境的互利双赢。

"一脱钩"指的是经济与环境退化脱钩。基本内涵是逆向脱钩和正向耦合。逆向脱钩是指包括经济发展与物质需求增长脱钩、经济发展与自然资源消耗增长脱钩、经济发展与环境污染增长脱钩、经济发展与生态退化脱钩等在内的经济增长与环境退化脱钩。而正向耦合则指经济发展与环境进步良性耦合等。

3. 国外生态现代化理论的意义和局限

生态现代化理论突出社会现代化与自然环境的互利共赢,它通过鼓励预防和创新的原则代替治理,有利于促进现代经济思维由工业化向生态化转型,加速推动经济增长与环境退化脱钩,实现人与自然的和谐共处、经济发展与环境保护共同推进。

这对于树立正确生态观、发挥政府在环境保护和生态文明建设中的作用、重视社会组织影响、推动科技创新、加强国际环境治理的合作等都具有一定的进步意义。

生态现代化理论是一种论述现代化与自然环境相互作用的现代化理论。即便如此,生态现代化理论的实际使用范围是非常有限的。①

四、西方马克思主义生态文明理论

西方马克思主义生态文明理论的形成是一个不断解决矛盾、调和关系的过程,其中包括"马克思主义与生态危机""马克思主义与自然""马克思主义与生态学"等多重复杂的矛盾关系,其立足于全球生态环境问题日益凸显的现实之上,产生于激烈的论战之中。

1. 西方马克思主义生态文明理论的产生

事实上,在最开始,西方学术界普遍认为马克思主义与生态环境问题是毫不相干的,马克思主义者在生态环保领域是没有参与度和发言权的,即所谓的"空白论"和"过时论",一部分激进保守主义者甚至认为马克思主义与生态环境保护是水火不容的,通过曲解马克思主义改造世界的理论而渲染"灾祸论"。同时也有小部分学者主张"补充论",这一论断认为马克思主义并没有触及生态危机的本质,他们认为马克思主义经济学说阐述的经济危机已经不再是资本主义的主要危机,取而代之的是由异化消费造成的生态危机,而马克思主义对异化消费和生态危机并没有给予应有的关注和研究,因此,需要用生态学来补充马克思主义。

20世纪90年代以来,随着资本主义社会固有矛盾不断加深,社会问题逐渐显露出来,马克思主义理论研究热度再次回升,在此基础上,一部分西方学者试图在马克思主义理论研究中寻找相关的生态保护理论。他们通过发表文章与出版著作的方式阐述自己对马克思主义生态学的理解。例如,《科学与社会》杂志1996年秋季号专门以"马克思主义和生态学"为题发表了一组文章,如桑德拉拉杰的《从马克思主义生态学到生态学马克思主义》,伯克特的《价值、资本和自然:马克思政治经济学批判的生态含义》等;还有一批专著问世,如戴维·佩珀的《生态社会主义:从深生态

---

① 中国现代化战略研究课题组,中国科学院中国现代化研究中心.中国现代化报告2007——生态现代化研究[M].北京:北京大学出版社,2007.

学到社会正义》(1993 年)、奥康纳的《自然的理由:生态学马克思主义研究》(1998
年)、伯克特的《马克思和自然:一种红色和绿色的视野》(1999 年)、福斯特的《马克思
的生态学——唯物主义和自然》(2000 年)、科韦尔的《自然的敌人》(2000 年)等。
这一系列的理论研究与文章阐述,在学术界产生了极大的影响,学者们逐步承认了
马克思主义在生态保护领域的发言权,意识到马克思主义生态文明理论事实上在学
者阐述之前已经存在,他们开始从各个学科的维度借助马克思主义的理论,构建出
一套相对完整的马克思主义生态文明理论。

2. 西方马克思主义生态文明理论的建构

西方马克思主义生态文明理论的建构主要在生态学层面与哲学层面两个方面。

在生态学层面,学者聚焦的主要问题在于马克思主义文本中是否存在着生态学
思想。在生态学领域中,信奉马克思主义的学者将马克思主义三大科学理论基础之
一"物质变换"作为马克思主义与生态学联系的关键纽带,从而建构起了"马克思的
生态学"的基本框架。其构建的科学基础,既包括马克思主义理论形成过程中所研
究讨论的生态学问题,也包括李比希的农业化学、达尔文的进化论、摩尔根的人类学
等,马克思对这些理论进行了深入的研究。其中,李比希在农业化学研究中提到了
未来农业发展可能造成的消极方面,这与马克思在研究农业经济发展时提出的现代
农业辩证观点不谋而合,事实上,马克思也认为李比希正是从自然科学的维度对这
一观点进行了论证与研究。

马克思的生态学的核心概念。"物质变换"概念是由李比希等人提出来的,马克
思在《资本论》等科学著作中反复使用了该概念,将劳动看作实现人和自然之间物质
变换的过程。在此基础上,马克思提出人与自然矛盾调和的目的在于解决个人再生
产与社会再生产的持续性以及不断改善人的自然生存条件。但是,在资本主义工业
生产发展的过程中,生产力的飞速发展使人与自然的矛盾不断加剧,资本主义的本
质是脱离自然的,只是攫取自然资源以创造价值并剥夺劳动力的剩余价值,其生产
过程不单对自然造成了极大的破坏,也并没有改善人类生存的条件,尤其是自然条
件,因此马克思从生产与再生产的角度,阐述了可持续性发展的必要性,认为共产主
义的建立就是要调节人与自然的矛盾向其本应发展的方向发展,即生产与再生产的
可持续性以及人类生产生存条件的改善,既包括物质条件,也包括自然条件。因此,

马克思关于"物质变换的断裂"的概念是其生态学批评的核心要素。

马克思的生态学的科学影响。马克思主义对生态问题和进化问题有深刻的理解，这种理解对于当下领悟自然和社会的关系具有深远意义。福斯特从科技史的角度着手考察了马克思的生态学对现代生态学的影响。针对生态学发展过程中出现的"生态演替""机能整体主义"等反唯物主义的思想，英国学者坦斯利于1935年在《生态学杂志》发表的论文《植被概念和术语的使用和滥用》中提出了此概念。而坦斯利的老师兰基斯特是具有超前眼光和最有生态学意识的思想者之一，兰基斯特在论述物种灭绝的文章中多次举证人为因素的重要影响，并且探讨了许多如伦敦的污染等直到20世纪晚期才被发现的生态环境问题。兰基斯特在马克思生命的最后几年里常到马克思家中做客。兰基斯特曾称，自己深受《资本论》这部伟大的著作的吸引，该书带给他许多惊喜，令他受益匪浅。不难看出，马克思和兰基斯特的最重要的共同之处在于对唯物主义的坚持。如此，福斯特就在描述了一幅"马克思—兰基斯特—坦斯利"的学术图谱的基础上，为我们揭示出了马克思生态学的现代科学影响。基于以上，福斯特认为："在马克思和恩格斯背后存在着的是不妥协的唯物主义，其中包含着必然性和偶然性的概念。这种唯物主义立场是辩证法的核心。"[①]因此，马克思的生态学不仅成为生态学马克思主义发展的一个新阶段，而且在提出了马克思主义生态文明理论的哲学维度的问题的同时，为建构马克思主义生态文明理论提供了内在的科学基础。

从哲学层面看，马克思主义生态文明理论包含内在的生态哲学。马克思主义生态文明理论来源于伊壁鸠鲁唯物主义的立场，在恩格斯试图阐明人类与自然界的统一性时，他追溯了马克思主义经典唯物主义的根源，即由巴门尼德和赫拉克利特开创的唯物主义传统的阵营，其中便包含伊壁鸠鲁和他的自然哲学。伊壁鸠鲁对人与自然的唯物主义观点脱离了早期神创论的束缚，伊壁鸠鲁也被西方认作第一个无神论哲学家，在此基础上，伊壁鸠鲁用唯物主义视角阐述了人与自然的统一性观点，这种哲学思想丰富和启发了马克思主义辩证唯物主义对人与自然关系的理论，也成了

---

① John Bellamy Foster. Marx's Ecology in Historical Perspective[J]. International Socialism Journal, 2002(96).

马克思主义生态哲学的起源。

在此基础上,马克思主义生态哲学构建了自身的理论立场,其中主要是辩证唯物主义和自然辩证法,也包括历史唯物主义内涵的生态意蕴。在经历了将辩证唯物主义和自然辩证法拒斥在马克思主义之外的反传统马克思主义的西方马克思主义后,许多学者开始注意到了辩证唯物主义和自然辩证法的生态哲学意义。在当今社会,人们对马克思主义中的生态意蕴和生态价值的认同度在不断提高,这意味着辩证唯物主义和历史唯物主义的生态意蕴和生态价值逐渐被认可。此外,不少日本学者对马克思主义的实践唯物主义所具有的环境思想也给予了高度的评价。

马克思主义生态哲学事实上是主张自然主义和人文主义的统一。正如文艺复兴时期"发现人"的思想一样,在自然中既包含主观能动性作用下意识上的"人",这个人是抽象的,由思想组成,同时也存在自然中的"人",这是具体的,是在生物进化以及自然法则规定下形成的细胞组合体。作为二重意义上的"人",人既是社会的"人",也是自然的"人",需要达成社会与自然的和谐统一。生态与人类和谐共生才是马克思主义生态哲学的真实含义,生态学马克思主义承认这两个概念的辩证统一,并否定了生态中心主义或人类中心主义。马克思主义是主张自然主义和人文(人道)主义的统一的。

此外,西方学者对马克思主义的自然、异化、解放等概念的生态意蕴和生态价值也进行了科学诠释。这些努力就为构建马克思主义生态文明理论廓清了哲学地平线。

曾经,有许多西方学者认为,马克思主义哲学与生态学是不相容的,甚至是冲突的,时至今日,尽管部分相对激进的保守主义学者仍然坚持这种想法,但大多数学者已经逐渐承认马克思主义在诞生时就带有独特而科学的生态学意蕴,并针对生态问题从哲学、经济学、政治学、社会学等多个学科的角度进行了探讨和研究。正如马克思所认为的,最终会出现一种专门的科学,以描述人与自然之间越来越多的相互作用,这表明马克思很早就意识到生态学的出现,这是人类社会发展的必然结果,是生产力与生产关系发展的必然产物。

3. 西方马克思主义生态文明理论的意义

长久以来,西方资本主义早期生态文明理论一直居于主流地位,事实上,这些理论经实践证明,已成为制约人们走上生态文明发展道路的阻碍,无论是早期的生态中心主义，还是后现代主义等，西方思潮普遍存在一种极端倾向，而并没有完全把握人与自然的和谐发展。而马克思主义生态文明理论，运用自身固有的辩证唯物主义和历史唯物主义特性，打破了这些思想的桎梏，为人们指明了统筹人与自然和谐发展的正确道路。它既是对关于人和自然的辩证关系的"一门科学"的理论指认，也是我们统筹人与自然和谐发展的生态文明实践的指导思想。

西方马克思主义生态文明理论表明，不仅要将生态文明的实现和重构作为一项谋求科学技术和产业、思维方式、生活方式和价值观念的生态化的系统工程来建设，而且要将生态变革和社会变革统一起来。显而易见，想要实现人和自然的和谐共生"仅仅有认识还是不够的。为此需要对我们的直到目前为止的生产方式，以及同这种生产方式一起对我们的现今的整个社会制度实行完全的变革"①。实践第一的观点、人和自然通过劳动统一的观点和阶级斗争推动历史的观点在马克思主义生态文明理论中是统一的，所以，生态文明必须是社会主义和共产主义的生态文明，而社会主义和共产主义必须是生态的社会主义和共产主义。②

第二节　美国国家公园体系建设

美国的国家公园运动可以追溯到美国早期的荒野保护运动，是荒野保护运动发展演变到具体实践的结果。国家公园作为自然保护的一种重要形式，在保护生物多样性、森林资源及水资源方面起到了重要的作用，极大地推动了环境保护事业的兴起和发展。

一、美国国家公园与国家公园体系概况

国家公园与国家公园体系在美国是相互联系而又区别的两个概念。国家公园指的是面积较大的禁止狩猎、采矿和其他资源消耗性活动的自然区域，其中生物多样性丰饶，森林、湿地、草地、河流等自然景观丰富，有些也包括一些长期留存的历史遗迹。事实上，美国国家公园概念一般认为是由美国艺术家乔治·卡特林（George Catlin）首先提出的。1832 年，他在去达科他州旅行的路上，看到了美国西部大开发

---

① 马克思,恩格斯. 马克思恩格斯选集(第4卷)[M].北京:人民出版社,1995:385.
② 国外马克思主义生态文明理论研究——张云飞教授访谈[J].国外理论动态,2007(12):1-5,15.

对印第安文明、野生植物和荒野的破坏，并对此深表忧虑。他提出这些地区应当被保护起来，希望通过政府支持出台一些保护政策并设立一个大公园——一个国家公园，在国家公园中有人也有野兽，所有的一切都处于原生状态，体现着自然之美。这一想法很快在社会中得到响应，逐步在社会中形成一股生态保护思潮。正是在这一生态保护思想的影响下，1872 年美国国会批准建立了世界上第一个国家公园——黄石国家公园。美国的国家公园大部分位于西部，虽然在数量上约占国家公园体系总数的 14％，然而美国国家公园的总面积却占到国家公园体系总占地面积的 60％。

与国家公园不同，美国的国家公园体系则是指由美国内政部国家公园局管理的陆地或水域，包括国家公园、纪念地、历史地段、风景路、休闲地等。国家公园包含在国家公园体系之中，是国家公园体系的重要组成部分之一。

二、美国国家公园体系的建设历程

美国国家公园体系的建设大体可以分为六个阶段。

第一阶段为萌芽阶段(1832—1916 年)。19 世纪初，一批美国艺术家、探险家等有自然环保意识的有志之士开始认识到：美国早期的西部大开发及资本的原始积累对自然资源的攫取对北美大陆原始留存的自然环境造成了极大破坏。同时，这一时期美国西部电影的蓬勃发展，使得东部大城市的居民对西部荒野甚为追捧，西部自然环境的旅游资源价值极大地凸显了出来，颇有势力的铁路公司也对此十分青睐。于是，早期的自然保护者和商业利益驱使的实用主义者联合起来开始共同反对伐木、采矿、修筑水坝等破坏自然的行为，并向国会和政府施压，最终说服国会立法建立了世界上第一个国家公园。到 19 世纪末，美国公众受古典历史文化复兴思潮的影响，又对北美大陆的史前废墟和印第安文明的保护产生了极大的兴趣，大批民众通过游行、示威等方式促使国会于 1906 年通过了《古迹法》，时任美国总统以文告形式设立了国家纪念地。

第二阶段为成形阶段(1916—1933 年)。到 20 世纪初，美国内政部共管辖 14 个国家公园和 21 个国家纪念地，但是这些国家公园和国家纪念地并没有专门机构进行管理，因此其实际保护力度十分薄弱。这一时期，伴随着第二次工业革命的蓬勃发展，资本再次将触手伸向了这些丰富的自然资源，国家公园重新面临着资源开发的巨大压力。在这种情况下,美国在内政部下设立了国家公园局,并制定了一系列配套的政策,严格落实以景观保护和适度旅游开发为双重任务的基本政策。在地方上,各州扩大州立公园体系以缓解国家公园面临的旅游压力,建立起自下而上的纵向国家公园体系,这一时期,美国东部开始大力开展历史文化资源保护工作,从而使美国国家公园运动在美国全境基本形成体系。

第三阶段为发展阶段(1933—1940年)。这一阶段美国国家公园体系的发展得益于罗斯福新政的开展。一方面,富兰克林·罗斯福总统签署法令,将国防部、林业局等所属的国家公园和纪念地以及国家首都公园划归国家公园局管理,这一举措丰富了国家公园体系,扩展了国家公园体系的规模,使更多的自然环境景观得到了统一的管理;另一方面,罗斯福新政中重要的一个组成部分,就是大力建设大规模的社会基础设施与公益性工程,以此为契机,国家公园局与公民保护军团(CCC)配合,聘用了成千上万的年轻人为国家公园和州立公园建设了大量保护性和建设性的配套工程项目,这些项目对国家公园体系的持续性保护以及管理发挥了巨大作用。在立法方面,国会于1935年和1936年分别通过了《历史地段法》和《公园、风景路和休闲地法》,使国家公园局在历史文化资源和休闲地管理方面获得了更多的权力。

第四阶段为停滞与再发展阶段(1941—1962年)。第二次世界大战期间,美国国家重心转向备战与军工生产,国家公园体系的经费和人员急剧减少,尽管如此,国家公园局仍然成功地抵制了军工产业对自然资源开发的强烈要求,阻止了有可能造成自然景观破坏的军事飞机制造业生产需求及水电业生产工程。战后,美国经济开始进入飞速发展阶段,这一时期国家公园的游客大增,旅游压力空前增大,国家公园局为缓解旅游压力启动了"66计划",力图用10年时间、近10亿美元的资金彻底改善国家公园的基础设施和旅游服务设施条件。此计划一方面满足了游客的需求,助推了美国战后经济发展,尤其是新型服务业发展,但是一定程度上忽视了生态环境保护,被保护主义者们批评为过度开发。

第五阶段为注重生态保护阶段(1963—1985年)。这一阶段主要是调整与重建阶段,长久以来,国家公园局在保护国家公园体系过程中,只注重自然景观的保护,而忽视了生态平衡、自然和谐等方面。事实上,在公园动植物管理中,美国国家公园局犯了很多严重的错误,甚至为了使公园景观与生物多样性更丰富而随意引进外来物种,极大地破坏了区域生态平衡。随着环境意识的进一步觉醒,以及学术界和环保组织的干预,国家公园局调整了自然资源管理方面的政策与方略,并着手重建已被破坏的生态平衡,如减少对野生动物的人工喂养和干预、逐步消灭外来物种等。

第六阶段为教育拓展与合作阶段(1985年以来)。20世纪末以来,国家公园开始注重发展其教育功能,增长公众的自然生物知识,唤醒公众的环保意识,加大了教育硬件设施的建设规模,并对此进行了专门的人员配备与资金支持,进一步使国家公园体系在科学、历史、环境和爱国主义教育等方面发挥实践场景与现实课堂的作用。同时,由于里根总统之后的几届政府注重减少政府对公益事业的干预,不断压缩国家公园局的人员和资金规模,因此国家公园局不得不开始寻求其他支持以保证自身事业的发展,包括寻求其他政府机构、社会公益性基金会的支持,并积极与公司和其他私人组织开展合作。

三、美国国家公园体系建设的经验与教训

从辩证唯物主义角度看,美国国家公园运动开展的过程,实际上就是一个不断处理矛盾关系的过程,包括自然资源保护与商业旅游发展之间的关系,中央政府与地方政府之间的关系,国家公园用地与经济用地的关系等。其中自然资源保护要处理的最主要的矛盾,就是保护与利用之间的矛盾。

美国的政治体制建立在社会契约的基础上,因此讲求政府的服务定位。美国国家公园的管理者将自己的角色定位为管家或服务员(Steward),而非业主(Owner)。这些管理者们认为国家遗产的继承人是包括当代和子孙后代的全体美国公民,而管理者对遗产只有维护、照看的义务,而没有随意支配的权利。这种遗产保护的伦理观念,使得政府一方面可以发挥自身积极作用,另一方面也避免了因国家大政方针的改变而使得自然资源的保护出现纰漏。这也是在二战时期,国家森林局可以顶住军方压力、避免自然资源被破坏的原因。

美国自然资源保护的一大抓手,便是建立完善的国家公园管理保护法律体系。经过两个世纪的发展,20多部联邦法律及几十部规则、标准和行政命令构成了美国国家公园管理保护法律体系。这种立法手段一方面可以保证环保行为有法可依,切实保障了国家公园体系的财政支持,有效预防与缓解了其他政府部门、商业组织因自然环境开发与利用可能产生的争端,另一方面,成文性的法律条款使得自然资源

保护获得了极大的可持续性,即便政府更迭、施政者改变,但是自然资源保护却因法律的保护而得以延续。

美国国家公园另一个极大的特征,便是营利与非营利主体的二元分离性。国家公园的管理机构是隶属于政府的非营利机构,日常开支属于政府财政的一部分,其工作专注于自然资源的保护与管理并不负责营利。而在国家公园内进行旅游资源开发,如餐饮、住宿等服务设施均向社会公开招标,其经济行为本质上与国家公园无关。这种营利与非营利主体的二元分离性,成功将国家公园的管理者和经营者角色剥离,避免了国家公园因注重经济效益而轻视自然资源的保护,或牺牲一部分自然资源换取经济利益的行为。同时,管理者与经济效益的脱钩,使管理者对经济行为的监督可以更好地得到落实。

美国的国家公园和州立公园分工明确,国家公园的主要目的是保护国家自然文化遗产,并在保护的前提下提供全体国民观光的机会;而州立公园则是起到了为当地居民提供休闲度假场所的作用,允许建设较多的旅游服务设施。州立公园对游客的分流既缓解了美国国家公园面临的巨大旅游压力,又满足了地方政府发展旅游经济、增加财政收入的需要。

尽管美国在自然资源保护中积累了众多优良的经验,如用地管理分区制度、公众参与、环境影响评价等,但是仍存在许多失误与教训。在 20 世纪 60 年代以前不重视科学研究的作用,其随意性、粗放性和盲目性的做法对国家公园内的生态系统造成了相当严重的破坏。为增加鹿、野牛等观赏性动物的数量,在黄石等国家公园内大肆猎杀土狼等食肉类动物;引进外来树种进行所谓风景林培育等,对国家公园的生态系统甚至对其风景美学价值都带来了不可弥补的损失。国家遗产的保护与管理工作任重而道远,在遗产保护过程中形成制度保障并听取生态专家意见是必要的。

美国国家公园局在很长一段时间内只关注于公园内部的管理事务,没能妥善处理国家公园外围环境中存在的问题,为国家公园边界内遗产的保护埋下了极大隐患。在 20 世纪 70 年代前后,美国国家公园局曾做过一个庞大的国家公园体系规划,后因无法操作而不了了之。由于国家公园体系本身缺少现实可行的规划与设计,造成体系内种类冗杂、良莠不齐,在休闲系统纳入国家公园体系时便产生了不少问题,与此同时,自然与历史方面的单位数量过大,也影响了高品质国家公园单位的保护力度。

第三节　世界生态现代化的进展

早期解决环境难题注重国家政策与法律监管,但这具有滞后性,往往在环境破坏与污染已经发生以后才采取事后处理。生态现代化理论区别于以往生态治理思路的最重要特点之一,便是将以往滞后性的事后治理转化为先发性的事前预防,以市场手段取代政府调控。生态现代化理论的提出,得到了全球各方的关注与支持,联合国环境与发展委员会、经济合作与发展组织和欧盟等国际机构将这一新理论作为自身在解决全球与区域生态环境问题时的核心理念;除此之外,一些不太激进的环境非政府组织,比如世界自然保护联盟(IUCN)和世界自然基金会(WWF)等也逐步接纳了这一新理论。事实上,无论是政府环保组织或是非政府环保组织,都愿意看到这样一个局面,即环境保护和经济繁荣共生共存,经济增长、社会福利与生态可持续性有机统一。

一、世界生态现代化的兴起

20世纪70年代,生态现代化成为世界现代化第四次浪潮的主要内容之一。早在20世纪中叶,德国、日本、芬兰、瑞典和丹麦等一些国家就已经开始在经济发展过程中逐步缩减资源消耗与废弃物排放,以实现物质流在除经济生产必需之外的低参与度。在很多地方,环境改革使地域范围内的自然资源消耗量和废弃物排放量实现了绝对性的减少。在更深程度上,经济增长,包括货币或商品的增减,伴随着环境改革带来的生产方式的变革,实现了与污染、排放的脱钩,生态转型使得经济发展效益与环境保护成果呈现相互促进的作用。"绿水青山就是金山银山"很好地阐释了这一新的环保经济形态。

国家作为生态现代化的行为主体,在推动行业、制度和政策的生态化变革中发挥了不可替代的作用。21世纪初出版的《世界范围的生态现代化》和《生态现代化的兴起》这两本生态现代化论文集中收纳了不同国家所研究的不同生态现代化研究课题论文。

表3-1为生态现代化研究的大致情况。

表 3-1 生态现代化研究的国别和主要内容

论文作者及发表时间	国别	主要内容
Gouldson, Murphy, 1996	欧盟	环境政策
Mol, 1999	欧洲	环境转型
Jahn, 2000	西方	环境政治
Hajer, 1995	荷兰	环境、酸雨和政治
Christoff, 2000	德国	绿党政治
Hajer, 1995	英国	空气污染和酸雨
Rawcliffe, 2000	英国	绿色运动
Andersen, 1994	丹麦	绿色税收
Lundqvist, 2000	瑞典	社会结构
Jokinen, 2000	芬兰	农业环境政策
Harris, 1996	加拿大	垃圾处理
Pellow et al. , 2000	美国	废物循环利用
Cohen, 2006	美国	环境运动
Barrett, 2005	日本	环境管理
Taplin, 2004	澳大利亚	环境政策转型
Rinkevicius, 2000	立陶宛	环保运动转型
Gille, 2000	匈牙利	废物利用
Sonnenfeld, 2000	东南亚国家	纸浆和纸工业
Frijins et al. , 2000	肯尼亚	污染控制
Frijins et al. , 2000	越南	工业污染、环境

参考:《中国现代化报告 2007——生态现代化研究》,北京大学出版社,2007。

二、 世界生态现代化的模式

事实上,生态现代化作为世界现代化浪潮中的重要组成部分,并没有最佳模式,不同区域与国家按照自身区位特点、发展程度等因素采取了不同的模式。这些模式大体可以分为三种类型。

欧洲的生态现代化建立在全球环境的影响之下,呈现出"理想主义"的特征。大多数欧洲国家的规模比较小,经济发展对外依赖程度高。同时,欧洲长久以来作为世界文化中心之一,具有优良的学术传统,其在全球率先提出生态现代化理论,并借助欧盟这一高度协同的区域性合作组织推动区域性的环境合作,积极向世界其他国家传播生态现代化。

北美的生态现代化,呈现出"实用主义"的特征。北美大陆地大物博,具有自然资源丰饶的先天区位优势,其自身推动生态现代化所受到的阻力较小。在发展中,其率先提出工业生态学,积极通过立法手段推动环境保护与治理,建立了独特的生态法律体系,同时关注生物多样性,重视环境质量和经济效益同步发展,但是相比较而言理论创新较少。

发展中国家的生态现代化,呈现出"现实主义"的特征。由于发展中国家的国情不尽相同,因此多数发展中国家结合自身国情,创造出了具有自身特点的生态现代化模式。相比于发达国家,发展中国家在应对环境问题时,不得不面对经济发展和脱离贫困等问题,这既是挑战也是机遇。一方面,由于现实工业与社会资本发展程度低,环境保护的社会压力相对比较小。另一方面,新形态的环保生产方式在发展中国家的经济绿洲中更容易找到立足之地,尤其是依靠新型环保政策与新型环保技术,环境保护更容易融入社会生产过程,这意味着发展中国家在全球环境治理中扮演着更突出的角色。

生态现代化与起点和路径相关,具有起点依赖性和路径依赖性。生态现代化的实质相同,但形式多样;生态现代化的方向相同,但实践途径多种多样。[①]

三、世界生态现代化的水平

世界生态现代化水平的评价可以依据多个方面进行,单个生态指标的评价不仅可以从生态响应、生态经济、生态社会三个领域进行分析,还能从生态效率、生态结构、生态制度和生态观念四个层次进行分析。

经过 30 多年的发展,到 2004 年左右,OECD 国家 39 个环境压力指标与经济增

---

① 参见:中国现代化战略研究课题组,中国科学院中国现代化研究中心. 中国现代化报告 2007——生态现代化研究[M]. 北京:北京大学出版社,2007.

长的脱钩率平均为52％。其中,绝对脱钩率都与2000年人均国民收入显著相关。日本等18国的脱钩率超过50％,芬兰等7国脱钩率超过70％。发达国家环境进步与结构调整和国际贸易有关。

按照生态现代化指数,对1970—2004年世界118个国家进行评价,其中大约有58个国家已经进入生态现代化,约占国家总数的49％。生态现代化指数的最大值为97分,最小值为33分。瑞士等15个国家处于世界先进水平,西班牙等37个国家处于世界中等水平,巴西等40个国家处于世界初等水平,中国等26个国家处于世界最低水平,其他14个国家没有评价结果。2004年,世界五大洲的生态现代化水平,欧洲最高,美洲随后,亚洲排第三,非洲排第四,大洋洲只有3个国家参评。2004年达到世界先进水平和中等水平的国家,欧洲约27个、美洲15个、亚洲6个、非洲2个、大洋洲2个。

四、世界生态现代化的前景

现代化与自然环境的相互作用造就了生态现代化的诞生。一般而言,本国环境、国家周边环境和全球环境构成一个国家自然环境的全部。因此,世界生态现代化的前景与每一个国家都息息相关,对于国土面积小且经济发展水平较低的发展中国家而言尤为如此。事实上,每一个国家的生态现代化进程都不是孤立存在的,而是世界生态现代化进程中的支流,同时也与其他国家相互交融。正因为如此,"南南合作"与"南北合作"在生态现代化中都是不可或缺的。

1. 21世纪世界生态现代化水平估计

在这里我们假定21世纪世界生态现代化的平均速度与20世纪后30年的平均速度大体一致,那么可对21世纪世界生态现代化水平进行估算。虽然这种估算可能存在着一些不可避免的误差,但通过这种估算我们能在对世界和中国生态现代化的前景分析中获得参考途径和借鉴。

按照生态现代化指数的年均增长率,并结合2004年前34年的评价值结果来估算,至2050年,可能将会有72个国家实现生态现代化。依照2004年前34年世界生态现代化的成绩进行估计,在2005—2100年可能有131个样本国家加入生态现代化行列。该推测参见表3-2。

表 3-2 21 世纪生态现代化的世界先进水平

年份	1970	1980	1990	2004	2010	2020	2030	2040	2050	2060	2080	2100
	实际数				根据过去 34 年国家生态现代化指数的成绩估算							
国家数	16	28	14	58	66	74	82	90	98	114	130	131
	实际数				根据过去 34 年国家生态现代化指数的增长率估算							
国家数	16	28	14	58	62	63	68	71	72	74	74	76

2. 21 世纪生态现代化阶段的预期水平

目前还没有关于生态现代化阶段划分的理想方法。根据中国现代化战略研究课题组、中国科学院中国现代化研究中心所发布的《中国现代化报告 2007——生态现代化研究》,对 21 世纪生态现代阶段的一种估计参见表 3-3。

表 3-3 21 世纪生态现代化阶段的一种估计

阶段	大致时间	主要特征	判断标准
经典现代化	1970 年前	环境破坏、生态退化	
经典现代化的生态修正	1970 年前	部分环境指标改善	部分环境指标与经济脱钩
生态现代化的起步期	1970—1992 年	环境与经济相对脱钩	主要环境指标与经济相对脱钩
生态现代化的发展期	1993—2020 年	环境与经济绝对脱钩	主要环境指标与经济绝对脱钩
生态现代化的成熟期	2021—2050 年	环境与经济双赢	从环境可承受到环境无害(零污染)
生态现代化的稳定期	2051—2100 年	人类与自然互利共生	环境进步与现代化协同

在这里需要特别说明的是,表 3-3 中关于阶段的大致时间、主要特征和判断标准,主要是以发达国家的历史经验和预期水平为依据的。实际上,生态现代化的进程具有差异性和不均衡性,并不是完全同步的。此外,21 世纪生态现代化指数的预

期、评价指标的预期、主要领域的预期等在此不多加赘述。①

　　总结以上分析的结果不难看出,全球生态现代化的进程并非一帆风顺,而是波浪式前进、螺旋式上升的,这是一个复杂和非线性的过程,而不是简单和线性的过程。世界生态现代化作为一种全球性趋势,具有发展性和波动性,这就要求我们加强对生态现代化发展历史和经验的认识,并在此基础上理解、把握和研究透彻。因此,中国生态现代化的过程中,要对过去进行经验总结,把握现在机遇,为未来的变化发展做好准备。

　　总而言之,生态现代化是将经济发展与环境保护相结合的一种现代化的新型发展模式。一方面,环境保护不再意味着放弃经济效益,我们不用放缓脚步而是更换了一种更环保的可持续的方式前进,环境保护所带来的成本降低与资源的高效利用,是新的经济增长点;另一方面,经济的发展不再意味着环境质量的必然下降,相反,将资本注入新业态的增长与新技术的发展,发展绿色经济,已成为环境保护的方式之一。在世界生态现代化进程中,无论是欧洲、北美还是发展中国家的生态现代化模式,都值得我国借鉴。

　　20 世纪 80 年代以来,全球生态现代化逐渐起步发展,这一时期也是我国实行改革开放、实现社会主义现代化的快速发展时期。在我国经济飞速发展的过程中,也产生了许多环境问题,积累了大量的人与自然的矛盾。进入新时代,经济转型与产业结构调整已成为经济发展新常态的必然要求,2017 年 10 月 18 日,习近平同志在十九大报告中指出,坚持人与自然和谐共生。必须树立和践行绿水青山就是金山银山的理念,坚持节约资源和保护环境的基本国策,像对待生命一样对待生态环境,统筹山水林田湖草系统治理,实行最严格的生态环境保护制度,形成绿色发展方式和生活方式,坚定走生产发展、生活富裕、生态良好的文明发展道路,建设美丽中国,为人民创造良好生产生活环境,为全球生态安全作出贡献。

　　我们借鉴发达国家在生态现代化建设过程中积累的有益经验和教训,在克服其不足的基础上结合现实,走出了一条中国式的生态现代化道路。

---

　　① 参见:中国现代化战略研究课题组,中国科学院中国现代化研究中心.中国现代化报告 2007——生态现代化研究[M].北京:北京大学出版社,2007.

学习思考

1. 国外生态文明理论主要有哪些?

2. 西方马克思主义生态文明理论有何价值启示?

3. 美国国家公园体系建设与我国国家公园建设有何异同?

4. 世界生态现代化理论与实践对我们有何启示?

阅读参考

[1] 沈满洪. 生态经济学[M]. 北京:中国环境科学出版社,2008.

[2] 霍尔姆斯·罗尔斯顿. 环境伦理学:大自然的价值以及人对大自然的义务[M]. 杨通进,译. 北京:中国社会科学出版社,2000.

[3] 霍尔姆斯·罗尔斯顿. 哲学走向荒野[M]. 刘耳,叶平,译. 长春:吉林人民出版社,2000:10.

[4] 中国现代化战略研究课题组,中国科学院中国现代化研究中心. 中国现代化报告 2007——生态现代化研究[M]. 北京:北京大学出版社,2007.

[5] 国外马克思主义生态文明理论研究——张云飞教授访谈[M]. 国外理论动态,2007(12):1-5,15.

第四章
中国生态文明建设的实施途径

　　自中国共产党第十八次全国代表大会以来,生态文明建设在治国理政中被摆在了突出位置。生态环境不仅是关系党的使命、宗旨的重大政治问题,也是关系民生的重大社会问题。生态文明建设已经融入经济建设、政治建设、文化建设和社会建设的全过程、各方面,并且在治国方略中提升为中华民族永续发展的千年大计,明确要求树立和践行"绿水青山就是金山银山"的理念,到 2035 年总体形成节约资源和保护生态环境的空间格局、产业结构、生产方式、生活方式,生态环境质量实现根本好转,美丽中国的目标基本实现。2020 年 10 月,党的十九届五中全会把"生态文明建设实现新进步"作为"十四五"时期经济社会发展的 6 个主要目标之一,并提出了2035 年基本实现社会主义现代化的远景目标——广泛形成绿色生产生活方式。因此,建设生态文明不仅要贯彻节能减排和环境保护,更要通过绿色发展、生态经济、生态法治、生态文化和生态社会等途径,大力推进生态文明的中国特色社会主义现代化建设、美丽中国建设和美丽清洁世界建设,使中国成为生态文明现代化强国。

第一节　生态文明与绿色发展

　　绿色发展作为一种理念是新时代中国特色社会主义新发展理念的有机组成部分,在习近平生态文明思想中占有重要地位。绿色发展作为一种实践指向的发展方式的绿色转型和升级,意味着绿色循环低碳的中国特色生态文明建设道路的开辟。绿色发展意味着对传统发展的超越,是基于环境容量和资源可持续性而形成的新发展模式。它要求把环境保护作为实现可持续发展的重要支柱,把环境资源作为经济社会发展的内在因素,把经济、社会和环境的可持续发展作为目标,以经济活动过程和结果的"绿色化"和"生态化"为主要内容和途径,以人与自然的和谐为价值取向,以绿色低碳循环为主要原则,建设生态文明,实现人类文明的永续发展。因此,党的十八大报告明确提出要"着力推进绿色发展、循环发展、低碳发展,形成节约资源和保护环境的空间格局、产业结构、生产方式、生活方式,从源头上扭转生态环境恶化趋势,为人民创造良好生产生活环境,为全球生态安全作出贡献"①。2015 年,党的十八届五中全会首次提出了创新、协调、绿色、开放、共享的新发展理念,把绿色发展纳入新发展理念之中。党的十九大以来,绿色发展先后被载入党章和宪法。

一、立足新发展理念,树立生态文明理念

发展理念是发展行动的先导,是管全局、管根本、管方向、管长远的东西,是发展思路、发展方向、发展着力点的集中体现。习近平同志指出,"生态环境问题归根结底是发展方式和生活方式问题,要从根本上解决生态环境问题,必须贯彻创新、协调、绿色、开放、共享的发展理念"②。绿色发展作为新发展理念之一,立足新发展理念全局,整体地、全面地、联系地关注于发展"绿色"一域,注重其"与创新发展、协调发展、开放发展、共享发展相辅相成、相互作用,是全方位变革,是构建高质量现代化经济体系的必然要求"③。绿色发展旨在解决人与自然和谐共存的问题,是坚持创新发展、协调发展、开放发展、共同发展的根本战略。其中绿色发展的动力是创新,绿色发展的内在要求则体现为协调、开放、共享。

牢牢树立生态文明的理念,积极提倡环保消费、绿色消费,把节约文化和环境伦理纳入社会秩序和社会行动,把生态承载力作为经济活动的衡量标准,引导公众形成节约资源、保护环境、选择低碳排放的消费模式。

绿色发展道路不仅强调环境安全、经济效益和社会和谐,还强调政治民主和文化发展。习近平同志指出:"推动经济高质量发展,决不能再走先污染后治理的老路。只要坚持生态优先、绿色发展,锲而不舍,久久为功,就一定能把绿水青山变成

---

① 新华网. 党的十八大报告:坚定不移沿着中国特色社会主义道路前进 为全面建成小康社会而奋斗[EB/OL]. (2012-11-08)[2021-06-01]. http://www.wenming.cn/djw/gcsy/zywj/201305/t20130524_1248116.shtml.

② 习近平. 推动我国生态文明建设迈上新台阶[J]. 求是,2019(3):4-19.

③ 习近平. 推动我国生态文明建设迈上新台阶[J]. 求是,2019(3):4-19.

金山银山。"①

二、多维综合驱动绿色发展

以习近平同志为核心的党中央强调实现绿色发展需要实施布局、结构、效率、质量、规模、公平、创新等多维综合驱动。

1. 布局驱动：强化主体功能定位，优化国土空间布局

国土是生态文明建设的空间载体，因此，强化主体功能定位、优化国土空间布局极为重要。以习近平同志为核心的党中央强调优化国土布局，完善空间规划体系，实施主体功能区战略，科学合理组织和规范生产、生活和生态空间。实现强化主体功能定位、优化国土空间布局的主要途径有以下四个方面。

一是积极实施主体功能区战略，划分"三区三线"，增加生态、生活空间，使生态、生活、生产空间结构更加优化。全面实施主体功能区规划，完善资金支持政策，重点推进环境、土地、产业、投资、人口等相关政策和绩效评估体系建设，促进市县主体功能的执行，促进经济社会发展、城乡建设、土地利用及生态环境保护的"多规合一"，保证整体规划的完整性和系统性，保证一个市县一张蓝图，同一规划，各区域重大项目规划及布局皆以符合主体功能定位为参考。实行差别化市场政策，对待不同的主体功能区，明确界定禁止、重点和优化的开发区域及其准入事项，明确界定禁止和限制开发的产业，明确优化国家空间规划纲要的制定和实施，加快土地综合整治。必须加快森林保护空间计划、湿地保护空间计划和沙漠治理空间计划实施，促进对生物多样性的保护，完善生物多样性保护空间规划，建立和健全国土生态空间规划体系，构建协调的城乡建设空间体系，确保生活空间和生态用地的平衡发展，在保护绿地、水域、湿地等生态空间的基础上逐渐扩大城市生活空间。

二是实施乡村振兴战略，加快美丽乡村建设。实施乡村振兴战略是党的十九大作出的重大决策部署，是全面建成小康社会和全面建设社会主义现代化国家的伟大历史任务，体现了对新时代"三农"工作的总体认识，充实了县域农村规划，加强了其科学性和约束力。加强农村基础设施建设，加快农村旧建筑改造，支持农村环境集

---

① 习近平. 向全国各族人民致以美好的新春祝福 祝各族人民生活越来越好 祝祖国欣欣向荣[N]. 人民日报,2020-01-22(1).

中持续整治,加强景观保护治理,强化山水林田路综合治理,实施农村垃圾专项治理,着力解决农村污水治理、厕所改造升级、农村牲畜养殖卫生提高等问题。加快促进农业结构调整,转变农业发展方式,大力发展农业循环经济,控制农业污染,保证农产品和农副产品质量安全。注重投资农村生态资源,通过保护原始生态环境,加快农村旅游休闲产业发展,引导农民植树造林,打造绿色乡村,加强农村精神文明建设,以环境整治和民俗传承为推动文明村镇创建的中心点,推进生态文明村镇建设。

三是合理进行海洋资源科学开发,保护海洋生态环境。根据海洋生态资源承载力水平,注重海洋资源的科学开发和合理利用,最大程度上减少资源开发对海洋生态环境的影响。根据不同海域的环境承载力水平,科学制定海洋功能分区,确定不同海域的主体功能,控制开发强度力度,在适合开发的海域以当地开发、当地保护为原则,调整经济结构和海洋产业布局,严格评估海洋生态环境,积极发展战略性海洋新兴产业,提高海洋资源集约保护和综合开发水平。

四是消除空间割裂,加强人口流动,促进空间转换,鼓励人口和各项产业从生态农业区汇集到城市地区,缩小人口发展机会的差距,减轻生态环境和经济发展的压力,调节人口密度问题,防止人口过疏过密。

2. 结构驱动:经济结构调整

结构驱动的本质是使资源从污染排放较高、资源利用效率较低的部门流向污染排放较低、资源利用效率较高的部门。结构驱动的主要途径是优化产业结构和能源结构、发展可再生能源和清洁能源、促进绿色产业发展。习近平同志强调,"调整经济结构和能源结构,既提升经济发展水平,又降低污染排放负荷",要求"培育壮大节能环保产业、清洁生产产业、清洁能源产业,发展高效农业、先进制造业、现代服务业"[①]。

绿色经济是以传统产业升级改造为支撑,以发展绿色新兴产业为导向,在保持经济稳定增长的同时,创造就业机会,促进技术创新,降低经济社会发展对生态环境的污染和资源能源的消耗等负面影响。

第一,传统产业升级改造仍需加快。加强环境保护、资源节约技术的引进消化和自主研发,对重点行业、项目、企业和工艺流程进行技术改造与革新,合理利用资

---

① 习近平. 推动我国生态文明建设迈上新台阶[J]. 求是,2019(3):4-19.

源,提高生产效率,控制二氧化碳等温室气体的排放,减少污染排出。制定更加严格的水耗、能耗、环境、安全、资源等综合利用技术标准,严格控制高耗能、高污染工业规模,加快高污染产业的取缔和升级。

第二,促进节能产业发展。首先,加大节能关键和共性技术,加强装备与部件研发力度,重点攻克高性能隔热材料、低品位余热发电、高效节能电机、中低浓度瓦斯利用等节能技术和装备的技术瓶颈。其次,政府需要采取财政、税收等措施,鼓励企业学习成熟的技术、推广应用成熟的装备和产品等。最后要着眼于创新机制,大力发展节能服务产业,促进第三产业发展。

第三,资源综合利用产业。通过组织实施有关矿产和固体废弃物资源综合利用、"城市矿产"厨余废弃物资源化利用、秸秆综合利用等循环经济重点项目,大力支持回收产业、再制造产业的发展,加强再生资源回收体系的建设,加快建立健全城乡回收站和以专业回收为主的回收系统。以流通市场为主要分类目标的再生资源"三位一体"回收系统,可以促进再生资源的国际回收,从而推动再生资源国际大循环,提高国际再生资源的获取能力。

第四,将重点放在新能源产业的发展上。新能源具有低碳、清洁的特点。中国新能源发展的潜力巨大,风能、太阳能、生物质能、核能等新能源利用正在快速发展。

第五,环保产业不容忽视。其一,加强水环境的保护;其二,加强大气环境保护;其三,加强固体废弃物处理厂的建设。

除此之外,绿色经济还包括电子技术、新材料、生物、航天、海洋等战略性新兴产业的发展。

3. 效率驱动:全面促进资源节约循环高效使用

发展循环经济、低碳经济,节约资源、降低资源消耗强度和节能减排是实现效率驱动的主要途径。绿色发展作为坚持节约资源和环境保护基本国策的重要战略体现,要求生态文明建设加强资源节约利用、推进节能减排、加快绿色城市化进程、促进绿色产业发展、构建循环经济系统,通过构建市场导向的绿色技术创新体系,健全绿色生产和消费的相关法律和制度导向,壮大节能环保产业、清洁生产产业、清洁能源产业,促进资源节约循环高效使用。

首先,要加强资源节约利用。水、土地、矿产等资源应集中节约、集中使用,加强整体过程管理,大幅减少资源消耗强度。根据加强水的需求管理、确定水的需求和严格管理增加水资源的原则,综合管理水资源;按照严控增量、盘活存量、优化结构、提高效率的原则,加强土地管理、市场监管、标准控制和评估监督,严格控制土地使用,推广应用节地技术,促进土地保护技术和模式的应用;加快绿色矿山的建设,推进矿产资源的有效利用和循环利用,提高矿产资源的回收率、回采率,同时应该提高矿产资源的综合利用率。

其次,应该推进节能减排。充分发挥节能和减少排放的协同促进作用,在重点地区综合推进节能减排。开展重点用能单位节能低碳行动,对关键能源用户及主要用能产业的能源使用效率进行改善和规划。严格执行节能标准,加快推进现有建筑节能化和供热计量改造转化,从设计、标准、建设的不同角度积极推进建筑物的可再生能源应用,鼓励采用建筑工业化建设模式。

再次,要推进绿色城市化、绿色乡镇化建设。通过估算资源和环境的承载力,构建城镇化科学合理的宏观布局,严格管理特大城市规模,提高中小城市的环境承载力,推进大城市和中小城市的协调开发。尊重自然格局,保护自然景观,继承历史文化,提倡城市形态的多样性,保持独特的风格和功能,防止"千城一面",打造城市特色文化。

同时,也要注意绿色产业的发展。大力开发节能环保产业,大力促进节能环保技术、设备和服务水平的不断提高,以节能环保产品刺激消费需求,提高节能环保的技术力量,改善投资环境,完善政策机制,释放市场潜在需求,用节能产业拉动绿色经济发展,加快开拓新的经济增长点。

最后,重点构建循环经济系统。按照减量化、再利用、资源化的原则,加快建立循环型农业、工业、服务业产业体系,提高全社会资源的生产率。

4. 质量驱动:加大生态系统保护与修复,切实改善生态环境质量

质量驱动强调提升生态系统的质量和稳定性、持续改善环境质量,其主要途径是制定生态环境质量改善目标责任体系。习近平同志强调生态文明目标责任体系的核心是改善生态环境质量,"将生态环境质量只能更好、不能变坏作为底线"①。

---

① 习近平.推动我国生态文明建设迈上新台阶[J].求是,2019(3):4-19.

环境污染是人民群众最为关心的生态问题,直接关系到老百姓的现实生活。因此,要将全面推进污染防治,提高环境质量作为首要任务,坚持以人为本、防治结合、标本兼治、综合施策的原则,积极参与环境污染防治和全球环境治理,把满足人民对良好生态环境的需要作为一项重要任务,纳入经济社会的现代化进程,纳入富强民主文明和谐的美丽中国建设的进程。

同时积极应对气候变化,坚持长短期、未来与现在相互兼顾。以节约能源、提高能效为途径,不断优化能源结构;通过增加森林、草原、湿地、海洋碳汇等手段,有效控制二氧化碳、氢氟碳化物、甲烷等温室气体排放,改善大气环境;通过提高农业、林业、水资源等重点领域和生态脆弱地区适应气候变化的水平,加强监测、预警和预防,不断提高适应气候变化的能力,增强应对极端天气和气候事件能力。

5. 规模驱动:强调通过总量控制、设定并严守资源环境生态红线

生态红线就是保障和维护国土生态安全、生物多样性安全和人居环境安全的物种数量和生态用地底线,是目前我国除去"18亿亩耕地红线"外,另一条被国家层面所重视并提出的安全线,"生态红线"体现了党和国家对自然生态系统保护的重视,以及维护生态文明的坚定意志和决心。

总量控制包括资源总量和污染物排放总量控制,如控制建设用地及其占用耕地规模、能源消费量、用水量等。设定并严守资源环境生态红线是指划定并严守资源消耗上限、生态保护红线、环境质量底线,强化资源环境生态红线指标约束。正如习近平总书记所言:"把经济活动、人的行为限制在自然资源和生态环境能够承受的限度内,给自然生态留下休养生息的时间和空间。"①

人与自然是生命共同体,人和社会持续发展的根本基础是良好的生态环境。为大力推进生态文明建设,需要加大生态系统保护力度。

首先,运用法律手段推进生态红线保护行动。严守生态红线需要法律手段的有力支持,像森林、野生动植物、自然保护区、宜林宜草沙化土地等红线目前已经成为具有法律法规保障的生态红线,仍需不断强化依法、守法、执法力度,确保红线守住、底线不动摇。当下还需要加快完善生态红线保护立法,确保全部生态红线有法可

---

① 习近平. 推动我国生态文明建设迈上新台阶[J]. 求是,2019(3):4-19.

依、相关部门执法必严。

其次,通过加快生态安全屏障建设,推进森林生态系统重大修复工程。加快生态安全屏障建设,形成以青藏高原、黄土高原、北方防沙带、东北森林带、南方丘陵山地带、大江大河重要水系和近岸近海生态区为基础框架,以其他重点生态功能区为重要支撑,以禁止开发区域为重要组成的生态安全战略格局,扩大森林、湖泊、湿地面积,提高沙区、草原植被覆盖率,有序实现休养生息。实施重大生态修复工程,着力构建森林生态系统重大修复工程体系。

第三,加强湿地保护和恢复,完善水系建设与开发。湿地有着不可替代的生态功能,加强湿地保护和恢复是生态系统保护和恢复的重要组成部分。在加快湿地管理和合理利用的基础上保护生态系统,加强国家级自然保护区、湿地自然保护区、湿地公园建设和管理,推进地方湿地保护修复和湿地开发项目的规划与实施,加强水生生物保护,开展重要水域增殖释放活动,扩大湿地面积。

第四,加强农村生态保护和恢复,加强草原生态修复,推进荒漠生态修复工程。加强环境保护,实施退耕还林、退牧还草工程。继续实施荒漠生态保护,继续完善土地管理制度和草原承包经营制度,施行草原生态保护补助奖励政策。严格发展植被和家畜平衡制度,加快草原的划定和保护工作,恢复森林,构建和强化以草原植被为主体的荒漠生态安全系统。

第五,加强生物多样性保护。生物多样性是生物和环境构成的生态复合体,是各种相关生态过程的总和。生物多样性作为人类赖以生存的物质条件,是经济社会可持续发展的基础,是生态安全和粮食安全的保障。加强生物和遗传多样性的保护要做到对生态系统、景观、物种多样性等进行保护,不断加强国家级自然保护区基础设施和能力建设,同时加强对濒临灭绝的动植物、古木名木的救助和保护,并加强耕地生态保护,加强农田生态系统保护,发挥生态价值,在此基础上加强生物多样性的研究、调查、监测和评价。

6. 公平驱动:通过强化利用和保护生态环境的平等权利和义务来实现绿色发展

将环境保护逐步纳入基本公共服务均等化、制度统一化的目标,实行差异化、合作化和统一化的制度规则,构建权责统一的生态平衡机制和生态补偿机制。根据减量化、再利用、资源化的原则构建资源循环型产业体系,加快工业、农业和服务业的发展,提高社会整体资源生产率。

完善再生资源的循环利用体系,加强对城市矿产资源的分类回收和开发利用,推进对建筑垃圾、秸秆、厨房垃圾和农林废弃物等的资源化利用,对纺织品、汽车轮胎等废弃物进行回收,鼓励资源化利用,组织循环经济示范活动,推进典型循环经济发展,推进产业循环式组合,推进生产生活系统的循环链接,构建覆盖全社会的资源循环利用系统。

建立健全对绿色发展有利的体制机制,积极研究绿色投资政策,推进重点产业绿色生产不断发展,制定贯穿再生产全过程的环境经济政策,基于统计数据建立监测评估机制,推进资源性产品价格改革,科学预测绿色发展趋势,为制定环境政策提供有效支持。

7. 创新驱动:依靠技术创新、制度创新推动绿色发展

习近平总书记指出,"破解绿色发展难题,形成人与自然和谐发展新格局"①。绿色技术是促进绿色发展的重要支撑,相关部门应当对绿色技术的发展给予一定的资金资助和政策扶持,促进高新绿色技术开发,做好绿色技术示范,进一步加快环境友好型技术的产业化进程,为推动绿色发展提供相应的技术支撑。

建设蓝天、绿地、碧水的美丽中国,最重要的途径是构建以市场为导向的绿色技术创新体系,建立绿色贸易市场机制,普及绿色商业模式,发展绿色价格机制,发展绿色金融,完善绿色标准、绿色统计监测系统和绿色认证体系,建立强大的法律法规和政策支持体系。突破关键技术瓶颈,加强绿色技术创新体系和能力建设,注重保护知识产权。提高能源效率,在新能源、生物、航空等领域,攻克新材料等一些重要技术和共性技术,加快推动科技成果转化和产业化,加大先进成果和技术推广应用。

加强国际合作和交流,创新国际合作方式,不断提高科研水平,促进产学研结合,实现企业自主性和创新能力的飞跃。积极参考国际先进理念,积极引进、消化、

---

① 习近平. 为建设世界科技强国而奋斗——在全国科技创新大会、两院院士大会、中国科协第九次全国代表大会上的讲话[M]. 北京:人民出版社,2016.

吸收国际先进技术,充分利用已有的实践成果,推广相关经验和做法,共同开发绿色新技术。

第二节　生态文明与生态法制建设

构建生态文明,需要加快系统创新、加强系统实施及生态环境保护力度,需要严格遵守法律法规,建立健全相关体制机制,让生态红线成为不可触碰的高压线。要提高政治站位,加强政治责任感,制定深入人心的法律,让其成为防止公害的有力武器,保证法律规定的政府的责任、企业的责任、市民的责任掷地有声,坚决贯彻执行"有法必依、执法必严、违法必究"。加强法律监督和行政监督,对各种破坏生态文明的行为实行"零容忍"。对浪费能源、资源和违法排污,破坏生态环境等行为,加强执法监察和专项督察。资源和环境规制机关独立开展行政执法,禁止领导干部违法干涉执法活动。必须改善行政法实施和刑事司法之间的衔接机制,并将综合执法责任主体、防污和生态保护的团队结合起来,加强草根执法队伍、环境应急处置和救助队伍的建设。统筹实施生态环境法律法规,监督企业和机关落实生态环境保护责任。继续加强生态环境对资源开发、交通建设和旅游开发的监督。广泛宣传防止和管理大气污染的法令、政策和措施,及时明确公害情况及其管理成效,动员群众参与和监督,在大气污染的管理中形成群众"人与自然为命运共同体"的理念。

生态文明建设涉及生产方式、生活方式、思考方式、价值伦理等方面的变革。保护生态环境必须依靠最严格的法律和规章制度,只有这样才能为生态文明建设提供可靠的保证。生态文明建设的法制建设,应当包括资源消耗、环境损害的评估,目标系统的建立、改善,生态文明要求的评估方法、报酬和惩罚机制等内容,以满足经济和社会发展的需要。

一、健全法律法规

为加强法律法规间的衔接,应当全面而系统地对现行法律法规中与加快推进生态文明建设不相适应的内容进行清理。研究制定符合现阶段生态文明建设要求的法律法规,针对节能节水评估审查、湿地保护、气候变化应对、生物多样性保护、生态补偿、土壤环境保护等方面的问题,修订土地管理法、节约能源法、大气污染防治法、水污染防治法、循环经济促进法、矿产资源法、森林法和草原法以及野生动物保护法等,从而完善现行生态制度立法。

1. 拓宽法律所规范的对象的范围

法律规范的对象应该是包括个人、经济组织、社会组织、政治组织在内的所有人的行为。在环保领域,由于环境问题的世界性、国家性和地区性性质,环境责任远远超出了个人和企业的范围,更多的是政府对生态文明行为的关注和有效保护。没有政府的决策、实施和监督,就很难实现有效的环境保护。环境保护的责任还必须破除机关和部门的界限,成为所有国家机关的共同责任,更加强调环境保护需要所有行政机关的调整和合作。

2. 统一生态环境保护法

中国必须制定关于生态环境保护的统一完整的法律。这不仅是依法行政的要求,也体现了更好地保护生态环境的要求。它必须尽快列入国家立法计划中,并尽快制定和执行。

3. 加强和深化生态环境保护立法

相关部门应当评估现有环境资源的法律制度,及时进行立法、改革和废止工作,确保生态环境保护系统之间的协调互助,保证各项制度的实施有配套体制、手续和保障措施。

二、完善标准体系,健全自然资源资产相关制度

加快制定、修订一批能耗、水耗、地耗、污染物排放、环境质量等方面的标准,提高建筑物、道路、桥梁等建设标准。注重整体性与特殊性,一方面,对整体环境的标准要加快更新,并设立浮动标准制度,对于环境容量较小、生态环境脆弱、环境污染风险高的地区要执行污染物特别排放限值。另一方面,鼓励各地区依法制定更加严格的地方标准,发挥各地自主能动性。同时加快与国际接轨,确立与国际水平标准相符的标准机制。

1. 健全自然资源资产产权制度、用途管制制度

对自然生态空间如水流、森林、荒漠、草原、湿地等进行统一确权登记,明确国土空间的自然资源资产的所有者、监管者及其责任。建立健全自然资源资产用途管制制度,明确国土空间开发和保护的边界,实现各类能源资源按质量分级,进行梯级利用。强化总体规划和年度计划的管控,加强土地、水资源利用规划,完善矿产资源规

划制度,有序推进国家自然资源资产管理体制改革。

2. 完善生态环境监管制度

建立严格监管污染物排放的环境保护管理制度,并明确统一的监督管理主体。健全污染物排放许可制度,坚决纠正"林管林、水管水"的局面,确保有一个可以实施统一监督管理的生态环境保护执法主体,并严格禁止无证排污和超标准、超总量排污。对排污严重的企业、设备和产品进行淘汰,实行企事业单位污染物排放总量控制制度,纳入约束性指标。发动一切社会主体广泛参与和监督。鼓励公民监督,加大对违法者的处罚力度,以儆效尤,充分发挥法律本身的震慑作用。

三、完善经济政策与市场化机制

完善财政等经济政策,鼓励和引导各主体积极参与生态文明建设,深化自然资源和产品价格改革,将所有需要市场评估的产品提交市场评估,政府定价要体现基本需求与非基本需求以及资源利用效率高低的差异,体现生态环境损害成本和恢复效益。调整矿业权使用费征收标准,加大财政投入,协调资金,支持资源节约和循环利用、新能源和可再生能源开发利用和环境基础设施建设。支持生态修复和建设,支持先进适用技术研究。加快价格核算改革,明确取消相应的收费基金,扩大对各类环境空间和环境保护的资源税征收,加强新能源和生态系统建设。推进绿色贷款,支持符合条件的项目,探索排污权融资模式。深化环境责任保险试点,建立应急保障体系。

加快实施合同能源管理、节能低碳产品和有机产品认证、能效标识管理等机制,培育和规范水权市场,支持矿业权市场建设,支持试点,积极推进环境污染第三方治理,让社会力量参与环境污染治理,发展排污权交易市场。

四、健全生态保护补偿机制

科学界定生态保护者与受益者权利义务,加快形成生态损害者赔偿、受益者付费、保护者得到合理补偿的运行机制。首先,建立地区间横向生态保护补偿机制,引导生态受益地区与保护地区之间、流域上游与下游之间,通过资金补助、产业转移、人才培训、共建园区等方式实施补偿。其次,建立独立公正的生态环境损害评估制度。用科学的工作方法来评估生态损害,用公正的态度来划定损害赔偿的标准,从而提高生态环境损害评估的效率。

五、健全政绩考核制度

建立体现生态文明要求的目标体系、考核办法、奖惩机制。把资源消耗、环境损害、生态效益等指标纳入经济社会发展综合评价体系，杜绝唯经济增长论。对限制开发区域、禁止开发区域，取消地区生产总值考核；对农产品主产区和重点生态功能区，分别实行农业优先和生态保护优先的绩效评价；对禁止开发的重点生态功能区，重点评价其自然文化资源的原真性、完整性；对生态文明建设成绩突出的地区、单位和个人给予表彰。探索编制自然资源资产负债表，对领导干部实行自然资源资产和环境责任离任审计。

六、完善责任追究制度，加强统计监测和执法监督

推进领导干部任期内的生态文明建设责任制，完善节能减排目标责任追究制度。对造成资源环境生态严重破坏的，实行终身追责，不能调任重要职位，也不能提拔任用，已经调离的也要追责。对推进生态文明建设工作落实不力的，要及时诫勉谈话；对盲目决策、无视资源和环境造成重大后果的，应当认真审查有关人员的领导责任；对履职不力、监督不严、玩忽职守的，依纪依法追究有关人员的监督管理责任。

首先，严守资源环境生态红线。树立底线思维，制定资源消费上限和环境质量标准，明确和严格坚守环境保护红线。推动各种开发活动的资源和环境的可持续性，合理配置资源和能源，强化控制土地管理，控制各项能源的消耗。控制水资源的开发和利用，提高用水效率，保护水环境。继续实施"三条红线"管理，防止水功能区环境污染，明确可持续发展的基本理念，严格保护。控制建设用地的总量，实现耕地面积和耕地数量的平衡。土壤等环境质量不得低于地方各级政府的环境责任红线。采取污染物总量和环境风险规避措施。在重点生态功能区、生态环境敏感区和脆弱区等区域划定生态红线，确保生态功能不减少、生态面积不减少、性质不改变。加强自然生态空间的立体管理，有效抑制环境破坏趋势，建立资源环境可持续性监测预警机制，对资源消耗量和环境容量接近或高于环境容量的海域采取限制措施。

其次，加强统计监测。制定生态文明综合评价指标，加快对能源、矿产、水资源、大气、森林、绿地、湿地等的统计监测和核算能力建设，提高对水土流失、荒漠化等环境问题和生态、地质、温室气体释放等信息的监测水平，要及时准确获取信息，实现信息共享；加快建立主要能源用户能耗在线监测系统，建立循环经济统计指标体系，

合理制定能源利用评价指标体系。利用卫星遥感和其他技术手段监测自然资源和环境保护状况。坚持环境研究,定期进行国家环境调查和评估,支持环境统计监测等领域的能力建设。

最后,加强检察监督。加强法律和行政监督,对各种环境侵害行为实行"零容忍",加大对违法人员的调查和处罚力度。强化对违法排放污染物、浪费能源资源、破坏生态环境的行为的执法监察和专项督察。资源环境监管机构独立开展行政执行,禁止领导干部违法违规干预。健全检察和刑事司法的衔接机制,加强执法队伍建设。加强生态环境建设,发展资源、交通、旅游业。

七、加强生态文明宣传教育,培养公民生态意识

人是生态文明建设的主体。因此,必须加强对公众的生态文明教育。党的十九大报告指出,"我们要牢固树立社会主义生态文明观,推动形成人与自然和谐发展现代化建设新格局"。这意味着生态文明宣传教育是培育和宣传社会主义生态文明观的主渠道,是培养具有生态文明理念和素质的社会主义事业建设者和接班人的主要途径。与此同时,习近平总书记提出"要把珍惜生态、保护资源、爱护环境等内容纳入国民教育和培训体系,纳入群众性精神文明创建活动"。这赋予了国民教育和培训、精神文明创建以培养具有生态文明意识的生态公民的时代责任。

因此,综合利用各种文化资源,开展丰富多彩的生态文明宣传教育活动,鼓励民众广泛参与生态文明建设宣传、教育、创建、志愿活动,从自身做起,从小事做起,努力使公民自觉成为生态文明建设的参与者、贡献者。

第三节 生态文明与生态文化建设

生态文化追求人与自然关系的和谐共融,我们要倡导环保、绿色、文明、健康的生产生活方式,坚持人与自然和谐共生,坚持绿水青山就是金山银山,坚持良好的生态环境是最普惠的民生福祉。进入新时代,生态文明建设作为国家重点战略,需要居于核心和灵魂地位的生态文化支撑。生态文明是人类社会新的文明形态,是人类文明发展的一个新的阶段,生态文明是人类遵循人、自然、社会和谐发展这一客观规律而取得的物质与精神成果的总和。生态文化是各民族在不同生存环境中形成的多样化生产生活方式的精神成果的总和。生态文明需要生态文化建设,生态文化建

设是生态文明建设不可缺少的精神支柱与意识桥梁。生态文明建设与生态文化建设都需要处理与解决当代人之间、当代人与后代人之间、人类社会与自然界之间的错综复杂的关系。

一、坚持发展，树立正确的生态文化观

树立正确的生态文化观，首先要摆脱一个认识误区。许多人认为生态文化就是崇尚自然，回归自然，不能够去利用自然环境、消耗自然资源，他们把自然环境的破坏和生态危机的产生归结于社会经济的增长、科学技术的发展，从而产生了环保极端主义思想，他们希望人类社会返璞归真，杜绝一切科技的进步发展，认为应减缓经济建设速度，甚至摧毁一定的经济基础设施，从而保护环境。这种思想是绝对错误的。生态文化绝不是盲目崇尚自然而排斥科技与发展，而是要求人类在改造世界的过程中，与自然和谐相处，实现对自然的最小破坏与可持续性的发展①。马克思主义生态学指出，生态文明建设与经济的增长和科学技术的进步是没有冲突的。事实上，科技的进步与人类的发展是生态文明建设的重要组成部分。在社会实践中，人类通过科技的发展与技术的改良提高了生产效率，同时也降低了污染，减少了对原材料的消耗，这对生态文明建设是绝对有益的。纵观历史，第一次工业革命中蒸汽机的应用对生态造成了极大的恶果，然而到第二次工业革命，电的发现与广泛应用使得蒸汽机带来的污染开始降低，风力、水力和太阳能发电则标志着人们开始注重与自然和谐相处。

我国社会主义建设要坚持科学发展观，表明我们不单要发展，更要以人为本、可持续地科学发展。要坚持十八大提出的生态文明建设和宣扬的生态文化，深深根植于我国发展的现状，服务于我国百年蓝图的实现。要努力地探索清洁的可再生的新型能源，推动产业结构调整，助力经济新动能新发展。

建设真正意义上的生态文明体系，必须依赖社会经济的增长及科学技术的进步，只有适度的经济增长和技术进步才能满足人们的基本生活需求，否则人们就不得不以破坏生态环境的方式来维系自己的生存和发展。

---

① 王野林.价值的复归与生态的拯救——从经济理性到生态理性的转向[J].广西社会科学,2016(12):70-73.

二、树立生态文化意识，承担大国责任

推动生态文化建设，一方面要做到了解生态文化内涵，武装思想，摆脱认识误区；另一方面要积极地发挥人类的主观能动性，承担起生态文明建设的责任，将生态文化内化于心，外化于行。

人类命运共同体的提出，是我国作为负责任大国，承担人类发展责任、与全人类同呼吸共命运的最好体现。伴随人类命运共同体理论的提出，我国要继续发挥主观能动性，践行生态文明观，积极投身于全球生态问题治理。2016 年 5 月，联合国环境规划署专门发布《绿水青山就是金山银山：中国生态文明战略与行动》报告，充分认可中国生态文明建设的举措和成果。

我国要继续逐步改变不合理的产业结构，推动绿色、循环、低碳发展，完善《中华人民共和国环境保护法》，树立不可逾越的生态红线，着力改善突出的大气、江河污染等环境问题。2011—2015 年，我国碳排放强度下降了 21.8%，相当于少排放了 23.4 亿吨二氧化碳，二氧化硫、氮氧化物排放量分别下降了 5.6% 和 4%，74 个重点城市细颗粒物($PM_{2.5}$)年均浓度下降 9.1%；清洁能源消费比重提高 1.7 个百分点，煤炭消费比重下降 2 个百分点……这些数据都表明我国正在努力投身于生态文明建设，这些成就也激励我们继续坚持，以期作出更大的贡献。[1]

2015 年 11 月 30 日，习近平主席在气候变化巴黎大会上说，中国在"国家自主贡献"中提出将于 2030 年左右使二氧化碳排放达到峰值并争取尽早实现，2030 年单位国内生产总值二氧化碳排放比 2005 年下降 60%～65%，非化石能源占一次能源消费比重达到 20% 左右，森林蓄积量比 2005 年增加 45 亿立方米左右。虽然需要付出艰苦的努力，但我们有信心和决心实现我们的承诺。[2]

目前，中国已正式宣布将力争在 2030 年前实现碳达峰、2060 年前实现碳中和。这是中国基于推动构建人类命运共同体的责任担当和实现可持续发展的内在要求作出的重大战略决策。因为"众力并，则万钧不足举也"，气候变化带给人类的挑战是现实的、严峻的、长远的。中国人民坚信，只要心往一处想、劲往一处使，同舟共

① 数据来自国家统计局网站。
② 中共中央文献研究室. 习近平关于社会主义生态文明建设论述摘编[M]. 北京：中央文献出版社，2017.

济、守望相助,人类必将能够应对好全球气候环境挑战,把一个清洁美丽的世界留给子孙后代。①

三、汲取传统生态文化智慧,助力生态文明建设

习近平总书记指出,"顺应自然、追求天人合一,是中华民族自古以来的理念,也是今天现代化建设的重要遵循",因此促进绿色发展、探索生态建设途径就要加强对历史文化的传承与借鉴,取其精华。毫不夸张地说,习近平生态文明思想中的自然观、经济观、社会观都是在中华优秀传统生态文化的滋润下孕育而成的。

文化具有延续性,能够通过物质、精神、符号、道德等形式教化人、规范人。先进文化能够推动社会发展,凝聚社会力量。"与西方近代以来的机械论的宇宙观相比,中国古典文明的哲学宇宙观是强调连续、动态、关联、关系、整体的观点,而不是重视静止、孤立、实体、主客二分的自我中心的哲学"②,不同于西方对自然的理解是机械的、对立的、无意义和无内在价值的,中国古代对待自然的态度更添温度。自然观与中国古代社会的结构、规范、道德、思想等深深交融,蕴藏着具有现代价值的生态文化③,为现代中国生态理念的建构、生态文明建设的认同和生态科技的启发奠定了基础、提供了智慧。

习近平总书记常用传统文化来阐述生态文明的自然观,生态文明的自然观作为习近平生态文明思想的主要哲学理论基础,体现了关于人、社会和自然关系的总体性立场和态度。因而,中国传统文化中的"天人合一"与习近平生态文明思想中的"人与自然是生命共同体"具有一致性,体现了人与自然关系的理想境界,同样阐释了人类必须在尊重和保护自然、顺应自然规律的基础上进行创造实践。中国传统生态农业思想中一个十分鲜明的特色是"以时禁发",即人们根据自然的节奏、生命的节律,适时"取"物和"养"物。《孟子·梁惠王上》载:"不违农时,谷不可胜食也。数罟不入洿池,鱼鳖不可胜食也。斧斤以时入山林,材木不可胜用也。"从春秋战国时期,中国古代先哲就向人们传递了遵循自然规律进行生产劳作的思想,这与我国当

① 新华网.习近平在"领导人气候峰会"上的讲话[EB/OL].(2021-04-22)[2021-06-09].http://www.xinhuanet.com/politics/leaders/2021-04/22/c_1127363132.htm.
② 陈来.中国文明的哲学基础[J].中国高校社会科学,2013(1):37.
③ 参见:小约翰·柯布.发展生态文明的中国优势[N].人民日报,2015-08-21(03).

代的可持续发展观在本质上是一致的。《淮南子·人间训》中说道:"焚林而猎,愈多得兽,后必无兽。……吾岂可以先一时之权而后万世之利也哉?"这种适度索取的思想体现出对后世子孙强烈的生态责任感,丰富了现代可持续发展思想。

《庄子·齐物论》中说:"天地与我并生,而万物与我为一。"老庄的自然观与现代深层生态学所说的"让河流自己流淌"的生态观不谋而合,这体现了中国古典哲学中"天人合一"的基本理念。老子也提出"治大国如烹小鲜"的无为而治思想,讲求顺应自然,遵从自然,与自然和谐共生。

在经济观方面,习近平总书记灵活运用"金山银山"和"绿水青山"来比喻我国生态文明建设过程中必须面对的"经济发展"和"生态环境保护"之间的对立统一关系,运用传统文化思想资源,系统阐发了"两山论"思想,反复地阐明了"既要绿水青山,也要金山银山;绿水青山就是金山银山"的科学理念。[①]

同时,在社会观方面,中国传统思想中节俭适度的一贯主张也与生态文明建设中节约资源、持续发展的理念不谋而合。儒家、道家、杂家、古代农书以及其他各种古代经典文献中都有主张节俭和适度消费的记载。孔子就主张"节俭、节用",指出"君子食无求饱,居无求安""奢则不逊,俭则固;与其不逊也,宁固"。《左传》则明确指出,"节俭"是"共德","奢侈"是"大恶",将节俭和道德修养挂钩,"俭,德之共也;侈,恶之大也"。但是,传统节俭的消费思想并不是主张吝啬和灭人欲,而是主张适度。老子最是反对过度追求奢靡的生活,反对过度消费的欲望,他认为,"祸莫大于不知足,咎莫大于欲得",指出不知足的贪欲是最大的灾祸和错误。《管子·八观》中的"故奸邪之所生,生于匮不足;匮不足之所生,生于侈;侈之所生,生于毋度",明确论述了过于吝啬或者过于奢侈浪费都是不好的,正确的生活方式应该是按需取用。新时代的中国生态文明建设强调"节约优先"的方针,就是文化传统的现代表达。

习近平生态文明思想中蕴涵着丰富的中国优秀传统文化元素。他的系列重要论述不仅引用了儒释道等诸多学派的典型代表观点,还引用了《左传》《诗经》等优秀的古代诗文以及苏轼、范仲淹等人的文辞歌赋,同样不乏毛泽东、沈从文、邹立颖等人的现当代文学作品。这种融汇古今的理论阐述,在一定程度上深化或"中国化"了

---

① 郇庆治.习近平生态文明思想中的传统文化元素[J].福建师范大学学报,2019(6):1-10.

我们对于生态文明及其建设的理论与政策内涵的既有认知,尤其是习近平总书记对生态文明的自然观、经济观和社会观的阐述。①

四、重视生态文化宣传教育,培养生态新动能

生态文化是以"人与自然和谐相处"为核心的先进文化,它涵盖各类生态知识,有助于培育公众生态伦理素养,欣赏和维护生态美的能力,引导人们形成自觉维护生态环境的良好行为习惯。

我国应着力提高全民生态文明意识,积极宣扬生态文化,培育生态道德,使生态文明成为社会主流价值观,成为社会主义核心价值观的重要内容。

第一,从娃娃和青少年抓起,从家庭、学校教育抓起,引导全社会树立生态文明意识。把生态文明教育作为素质教育的重要内容,纳入国民教育体系之中。学校作为教育主阵地,充分发挥基础性作用,推动生态文化教育不断发展。重视学校教育,在基础教育阶段,注重学生生态意识的培养,训练环保行为和习惯,将生态思想渗透到日常中;在高等教育阶段,将培养学生的生态意识纳入人才培养体系,将生态教育纳入必修课程,培养学生的生态伦理观念,增强学生的生态行为践行力度;加强生态教育的师资队伍建设,注重专业知识和技能培训,关注生态文明建设前沿,提升教师自身的生态素养,保证课堂和实践教学效果,确保生态教育与时俱进。一直以来,保护大自然、爱护地球等教育都是我国中小学义务教育中的重要内容。在课堂教学中,向学生讲述保护大自然与爱护地球的重要性,初步树立起学生的生态观念。在课下实践活动中,鼓励学生积极投身大自然,感受自然之美,同时鼓励学生参加环保公益活动,用亲身体验加深对生态文明建设的理解。

第二,将生态文化作为现代公共文化服务体系建设的内容。我国应充分挖掘优秀传统生态文化思想和资源,创作一批文化作品,创建一批教育基地来满足广大人民群众对生态文化的需求。通过艺术的形式,向人民传达"绿水青山就是金山银山"的理念。近年来,我国涌现了一大批向人民讲述绿水青山故事的优秀文艺作品,它们与我国扶贫脱贫工作相结合,传递了可持续发展的生态理念,给人们留下了深刻的印象。

---

① 郇庆治.习近平生态文明思想中的传统文化元素[J].福建师范大学学报,2019(06):1-10.

第三,大力发挥传统媒体与新媒体宣传作用,在全社会营造生态文化氛围。在世界地球日、世界环境日、世界森林日、世界水日、世界海洋日和全国节能宣传周等主题宣传活动中,积极引领舆论导向,加强资源环境的国情宣传,普及生态文明法律法规、科学知识等,报道先进典型,曝光反面事例,提高公众节约意识、环保意识、生态意识,形成人人、事事、时时崇尚生态文明的社会氛围。利用手机端的新媒体平台,群众展示自己的家乡或者自己在旅行途中见到的自然美景,展现祖国自然风光、绿色发展和生态文明建设成就,极大地提高基层群众对生态文化的认知程度,也提高了基层群众的生态意识。

第四,树立生态文化自信。习近平总书记指出:"我们要坚持道路自信、理论自信、制度自信,最根本的还有一个文化自信。"文化自信需要创造这一文化的民族进行充分肯定和积极践行,并对其生命力持有坚定的信心。培育生态文化的文化自信是生态文明建设的重要内容。只有树立了生态文化自信,大家才会从被动接受变成主动弘扬生态文化。

国家和各环境组织应营造生态绿色的环境,解决出现在基层群众身边的生态难题,积极解决影响人民群众生存环境的污染问题,通过各项措施修复生态环境。基层群众在看到国家以及各种公益组织为生态文明建设所作的贡献后,尤其是自身的利益因此得到维护之后,便会自觉树立对我国的生态文化自信,提高弘扬生态文化、投身生态文明建设的积极性与自觉性。

五、用生态文化产业助力生态文明建设

文化是在一定的经济基础上发展起来的。党的十八大以来,我国发展低碳经济和生态文化产业,避免快速发展的经济对各地自然资源进行过度索取,全面普及绿色生产方式和消费行为。党的十九届五中全会对"十四五"期间繁荣发展的文化事业和文化产业、提高国家文化软实力作出全面部署。2020 年 11 月 3 日公布的《中共中央关于制定国民经济和社会发展第十四个五年规划和 2035 年远景目标的建议》(以下简称《建议》),明确提出了到 2035 年建成文化强国的战略目标。发展生态文化产业,实现生态富民,切近了党中央对生态文明建设提出的"要提供更多优质生态产品以满足人民日益增长的优美生态环境需要"的现实要求,也是对党的十九届五中全会强调"推动绿色发展,促进人与自然和谐共生"的积极回应。

发展生态文化产业,彰显绿色底色。绿色是生态文化产业的最大优势。生态文化产业是以精神文化产品为载体,向消费者传播生态、环保、健康、文明信息的新兴产业,是一种无污染、低消耗、高效益的绿色发展产业。加快发展生态文化产业,就是要促进人与自然和谐共生。

生态文明建设为生态文化产业发展指明了方向,是生态文化产业可持续发展的稳固基石。发展生态文化产业,是要通过政策的约束和激励机制,来增强发展生态文化产业的自觉性和主动性。积极抓住绿色经济发展带来的契机,更加注重培育以生态文化旅游为特征的新的增长点,调整传统产业,改造和发展新业态、新兴产业,推动绿色消费,建设绿色生态文化服务体系,保护和建设生态环境。形成经济社会与资源环境相协调的良性运行机制,引导地方与企业大力开发绿色技术,生产绿色产品,发展绿色经济,最大限度地实现资源的持续利用和生态环境的持续改善,尽可能减少产业发展对自然环境的破坏和对人类健康的损害,促使世界经济健康复苏、绿色复苏和可持续发展。同时,健全旅游资源开发和生态环境保护的良性互动机制,使游客在贴近自然的同时,参与环境保护。充分发挥各地自然资源和人文资源的作用,提高生态文化产品的规模化和市场化水平,实现生态效益与经济效益、社会效益的统一。

发展生态文化产业,以科技创新为支撑。党的十九届五中全会提出,坚持创新在我国现代化建设全局中的核心地位,把科技自立自强作为国家发展的战略支撑。科技与文化本是对孪生兄妹,二者相辅相成。新时代能够提供给人们美好生活所需的源头活水,根本在于文化创新。生态文化产业以生态资源为基础,以文化创意为内涵,必须立足现实,与时俱进。一是要开阔思路、加大创新力度,使文化创新与科技创新双向互动;二是要着力打造文化、生态和科技深度融合的生态文化产业,发挥丰富的生态资源优势,树立生态文化产业品牌;三是要把生态自然资源、历史文化资源与高新技术相结合,催生新业态新模式,将之有效转化为社会经济生产发展的新增长点。

发展生态文化产业,要辩证处理经济发展与生态环境保护之间的关系。经济高质量发展与生态环境保护是社会进程中的一体两翼。良好的生态本身就是最大的财富,蕴含着无穷的价值,能够源源不断地创造生态效益、经济效益、社会效益等综合效益,关键在于找准平衡点、发力点和着力点。首先,只有在实践中树立新发展理念,才能获得生态环境保护与经济高质量发展"双丰收"。其次,在实践中贯彻落实可持续发展战略,完善生态文明领域统筹协调机制,构建生态文明体系,促进经济社会发展全面绿色转型。最后,以实现人与自然和谐共生的现代化为奋斗目标,彰显人民至上的中国特色社会主义制度优越性。《建议》描绘了到 2035 年基本实现社会主义现代化的远景目标,指出必须依托高质量发展的鲜明底色,加快推动绿色低碳发展,持续改善环境质量,提升生态系统质量,推动生态文明建设取得新进展。

发展生态文化产业,要坚持底线思维。坚持底线思维就是要高起点、高要求、高质量推动我国社会经济的发展,同时处理好经济发展与生态环境质量、生态文明建设之间的关系。近些年,由于唯 GDP 主义、消费主义泛滥,越来越多的人类生产活动不断触及自然生态的红线。只有通过增强生态文明意识,充分认识到生态文明建设的重要性,坚定不移地贯彻保护优先、绿色发展的理念,才能深刻领悟"绿水青山就是金山银山",从而尊重自然、敬畏自然、爱护自然,树立以节约优先、保护优先、自然恢复为主的价值观念,为守住大自然的生态安全边界贡献力量。

近年来,生态文化产业实现了把社会效益放在首位,促进文化效益、经济效益、生态效益有机统一。随着乡村振兴战略的深入实施,大力发展生态文化产业既要"塑形",也要"铸魂",要注重发挥生态文化产业的文化与经济双重属性,同时,坚持把碳达峰、碳中和纳入经济社会发展和生态文明建设整体布局,进一步调整优化产业结构,加快推动经济社会发展全面绿色转型,让绿水青山变成金山银山[1],努力夺取生态、文化、经济和谐发展的新胜利。

第四节　生态文明与生态社会建设

生态文明与生态社会建设密不可分。一方面,生态文明作为人类社会发展到一个新的阶段的物质与精神的总和,自然包含着社会建设的诸多方面。另一方面,社会建设关系民生,关系国家长治久安,是生态文明建设过程中最基础、最直面群众的一步。只有推进生态社会建设,使广大人民群众感受到生态社会的红利与不可或缺

---

① 雷明. 深刻把握习近平生态文明思想之"两山"理论[N]. 中国环境报,2020-09-01(03).

性,才能有效地树立人民群众的生态意识,推动生态文化建设,同时激发人民群众爱护生态、保护环境的自觉性与积极性,从而在全社会营造出拥护和重视生态文明建设的良好氛围。

进入新时代,我国社会主要矛盾已经由"人民日益增长的物质文化需要同落后的社会生产之间的矛盾"向"人民日益增长的美好生活需要和不平衡不充分的发展之间的矛盾"转变。这个转变说明,随着生产力的发展和社会的进步,温饱问题已经不再是突出问题,人民在民主、法治、公平、生态环境等方面的需求日趋提高。当今社会,环境污染、资源短缺、生态失衡等已经成为人民群众最为关心和迫切需要解决的问题。而生态文明建设无疑是破解当前社会主要矛盾、发展难题的有效途径和方法,正如习近平总书记所说:"生态环境保护是功在当代、利在千秋的事业。要清醒认识保护生态环境、治理环境污染的紧迫性和艰巨性,清醒认识加强生态文明建设的重要性和必要性,以对人民群众、对子孙后代高度负责的态度和责任,真正下决心把环境污染治理好、把生态环境建设好,努力走向社会主义生态文明新时代,为人民创造良好生产生活环境。"①

社会建设任务归结起来,主要包括两个方面的重点:提高保障和改善民生水平,加强和创新社会治理。长久以来,我国在生态文明建设中,立足于这两个方面的重点,推动生态社会建设,不断满足人民群众对环境优美、生态绿色的美好生活的向往。

一、完善制度,增强创新,提高生态社会治理能力

在进行生态社会建设过程中,我们要站在全局和整体的角度进行顶层设计,努力完善社会建设、生态保护、绿色发展的各项制度,将制度优势转化为治理能力。

我国生态社会制度体系建设,首先要坚持规律性。"人却懂得按照任何一个种的尺度来进行生产,并且懂得处处都把内在的尺度运用于对象。"②规律性是马克思主义哲学中辩证唯物主义的重要组成部分,符合规律是任何一项制度都应该遵守的原则。我国在推动生态社会制度体系建设过程中,时刻从自然规律、社会规律、科学

---

① 习近平.坚持节约资源和保护环境基本国策　努力走向社会主义生态文明新时代[EB/OL].(2013-02-24)[2021-06-06].http://politics.people.com.cn/n/2013/0524/c1024-21608774.html.

② 马克思,恩格斯.马克思恩格斯全集(第42卷)[M].北京:人民出版社,1979:96-97.

规律出发,力求制度合理有效。其次要注重坚持目的性。我国在制度建构的过程中,要始终不忘生态文明建设的方向以及满足人民群众对生态良好、生活幸福的需求,努力服务于生态社会建设的根本目标。规律性与目的性的统一是十分重要的。

新发展阶段,我国要继续坚持完善生态社会制度的总体框架。

一是从资源、环境、生态保护三个关键领域出发,实现污染防治和生态保护。首先要推进资源节约,应用新技术,减少排放,注重"节流",同时积极寻找新能源以及可替代能源,做到"开源",从开源节流两方面推动资源产业发展改革。其次要努力推动环境保护,加大环境执法力度,对污染环境、危害环境的违法行为零容忍。再次要落实生态保护,加大生态保护区建设,提高生态保护资源投入,从"人、物、技"三方面推动生态保护。

二是完成从"绿水青山就是金山银山"的理念到经济社会绿色发展的重大转型。绿水青山就是金山银山,讲求的是以环境保护产生经济效益,但是随着社会发展,我们更要站在全社会的角度,努力做到经济社会绿色发展,这种发展不只包含着"绿水青山就是金山银山"的环保推动经济理念,更包含着在经济社会建设中全方位、多角度地贯彻绿色发展理念,既发展环保经济,又要推动各种产业可持续、可循环发展。

三是从"以人民为中心"、追求民生福祉和建立"人类命运共同体"、追求永续发展的最终目的中,实现美丽中国和美好地球家园的有机统一。这是体现我们国家从关注自身国家发展到关注全人类发展与可持续的责任之举,展现了我们国家作为世界负责任大国的姿态。长久以来,世界各国普遍"自扫门前雪",而忽视了地球是属于全人类的。我们作为负责任大国,要努力将全人类的发展放在自身发展的考量之中,推进人类命运共同体建设,努力实现全人类可持续发展。

二、提高生态保障,改善人民生存环境

生态文明是人类社会发展到一个新的阶段所表现的形式,它包括政治建设、经济建设、文化建设及社会建设等内容。随着生态环境问题的日益突出,提高生态保障、改善人民生存和发展环境成为社会建设的重要组成部分。人类生存的地方就会形成社会,如果人类在生存过程中对自然生态进行破坏,那么人类社会也会遭受恶果。

历史上的楼兰古城盛极一时,《汉书·西域传》载:"鄯善国,本名楼兰,王治扜泥城,去阳关千六百里,去长安六千一百里。户千五百七十,口万四千一百,胜兵二千九百十二人。辅国侯、却胡侯、鄯善都尉、击车师都尉、左右且渠、击车师君各一人,译长二人。西北去都护治所(今甘肃张掖)千七百八十五里,至墨山国千三百六十五里,西北至车师千八百九十里。地沙卤,少田,寄田仰谷旁国。国出玉,多葭苇、柽柳、胡桐、白草。民随畜牧逐水草,有驴马,多橐它。能作兵,与婼羌同。"楼兰在古时一直被称为西域明珠,不同民族、不同信仰的商贾、旅者、信徒、僧侣在此处汇聚,创造了举世瞩目的楼兰文化。然而,这一令世人瞩目的楼兰古城却在历史上突然消失了,直至今日仅存下伫立在大漠黄沙中的遗迹。为何昔日的西域明珠会湮没于黄沙之中呢? 千百年来世人一直在追寻着答案。随着对古籍、史书以及遗迹的考察,人们发现楼兰的消失与人类破坏大自然的生态平衡有很大关系。楼兰地处丝绸之路的要道,汉族和匈奴及其他游牧民族为了各自的利益需求,常在楼兰境内发动战争,进行过度垦种,致使水利设施、良好的植被遭到严重破坏。公元 3 世纪后,流入罗布泊的塔里木河下游河床被风沙淤塞,在今尉犁东南改道南流,致使楼兰"城郭岿然,人烟断绝""国久空旷,城皆荒芜"。楼兰所建立的文明社会,随着人类对自然生态的破坏土崩瓦解,消失在历史之中。

以史为鉴,我国应积极实施生态社会建设保障措施,不断探索保障生态、改善人民生存环境的途径。

一是加强宏观调控,发挥政府统筹协调作用。生态文明建设需要政府统一领导,要建立政府目标责任制。一方面,加强对生态社会建设的统筹规划和总体设计,完善生态社会建设的管理体制机制,建立国有资源管理和自然生态监测系统,统一行使全民所有自然资源资产所有者职责,统一行使所有国土空间用途管制和生态保护修复职责,统一负责城乡各种污染物排放监测和行政执法。另一方面,行政管理部门要在合理划分中央和地方事权的基础上,履行好部门职责,落实好生态文明建设各项任务。实行生态文明建设目标责任制,将国家生态文明建设的总目标逐级分解成各地区的具体目标。争取建立由地方政府统一领导、部门分工协作的生态文明建设目标考核与激励机制,推进本地区生态文明建设。

二是健全生态文明建设的评估系统和奖惩机制。生态文明建设需要一套科学的符合实际的生态评价机制和办法,为监管、执法、责任追踪提供依据。在生态评价中,要提高污染排放标准,强化排污者责任,健全环保信用评价、信息强制性披露、严惩重罚等制度。树立正确的生态道德观、生态价值观和生态政绩观。同时对积极落实环境保护的企业与团体,要加大政策扶持与鼓励力度,创造绿色生态的营商环境,提高企业与团体绿色发展的积极性与主动性。

三是形成全民参与机制。生态文明建设与社会建设同社会中的每一个人息息相关,因此形成全民参与机制极为重要。要完善生态保护的公共参与政策,探索建立生态文明建设全民共建共享的长效机制。创新公众参与生态文明建设的方式和渠道,发挥非政府组织在生态文明建设中的积极作用。加强生态文明建设宣传,使每个人切身感觉到推动生态文明建设就是推动自己生存环境改善;提高民众参与度,建设公正透明的环保参与机制,对为环境保护作出巨大贡献的个人与团体要大力表彰,在全社会形成一种环保光荣、污染可耻的氛围。

三、和谐发展各项社会事业,建立生态和谐的小康社会

社会建设依赖于各项社会事业的发展,推动生态社会建设,要以生态文化观作为指导,和谐发展各项社会事业,既要做到社会与生态和谐,也要做到人与生态和谐,确保生态正义。

1. 坚持社会与生态和谐,推动生态社区建设

实施科学生态规划,努力建设生态社区。在进行社区规划时,严格运用生态学原理,综合、长远地评价、规划和协调人与自然资源开发、利用和转化的关系,努力提高生态经济效率,以期在满足社会生产和消费不断增长需要的同时,保持并增进自然资源和自然环境的再生能力。这就要根据本国、本区域或本地的自然、经济、社会条件及环境资源破坏、污染等的状况,因地制宜地研究确立本地区的发展规划,确保资源的开发利用不超过该地区的资源潜力,不降低资源的使用效率,保证经济发展和人类生存活动与生态相协调,使自然环境不发生剧烈的破坏性的变动。

2. 坚持人与生态和谐,引导节约型社会发展

节约型社会可以从衣、食、住、行方面来体现。从个人服装来看,选择棉、麻、丝等材质的衣服更为环保,不仅时尚,而且耐用。可以选择更加环保的洗衣方式,如手洗衣服、让衣服在阳光下自然晾干等,减少洗衣机的使用,这样不仅环保,而且可以延长衣服的使用寿命。在出行和外出进餐方面,可自带环保袋购物,不使用一次性

餐具,减少包装食品的数量,减少包装袋的使用,养成随手关闭电器电源的习惯,尽可能多地选择乘坐公共交通工具出行,比如乘坐公交车,骑自行车,乘轻轨,少开车。驾车时,缩短调速时间,避免突然换挡,选择正确挡位,避免低速行驶,定期换油,高速行驶时不要开窗,保持适当轮胎压力。

从全民的角度出发,最重要的是要在全社会提倡低碳生活方式,例如健全社会管理制度,以低碳生活为目标,推行低碳城市、低碳企业、低碳出行、低碳社会、低碳校园和低碳家庭的标准,通过相应的奖惩措施、激励制度对人们的低碳生活给予引导。当然,构建公共服务体系也是引导节约型社会的重要一环。首先,健全城乡居民低碳生活支持体系,支持群众低碳生活。例如,大力推进农村沼气利用,推进城市公共交通建设。其次,对人们进行教育,建立"碳补偿"服务体系。坚持保护环境、绿色消费、低碳生活等理念,养成节约、环保的消费习惯和生活习惯,减少浪费,促进节约型社会健康发展。

3. 坚持生态正义,构建生态和谐的小康社会

首先,坚持生态公平。生态公平是生态文明的重要理论支点与实现方法,涉及人与自然、人与社会关系的协调。生态和谐社会是指人与自然和谐相处的社会,构建生态和谐社会就是要推进生态公正,使不同地区的人群能够公平地享受生态利益。一方面,在共时的意义上,推进生态公正就是要在同时代的不同地域、不同收入的群体之间公平地分配生态利益。这就要求统筹个人和集体、局部和整体、发达地区与欠发达地区等方方面面的生态利益,在全国范围内各个地区、各个阶层、各个行业的人民群众中公平地分配生态利益、共担生态责任,在生态环境问题上相互合作、互通有无、取长补短、相互借鉴,从而在全国范围内形成和谐的社会关系。另一方面,在历时的意义上,推进生态公正就是要在不同时代的人中间实现生态利益分配的公平。这就是要求统筹当前与长远、当代人与后代人之间的生态利益。在生态领域无疑就是要求实现代际公平,就是要使不同时代的人们公平地享用环境资源、承担生态责任,当代人不能为了自己的眼前利益而过分地掠夺资源与破坏环境,剥夺后代人公平地享有自然生态的权利。唯其如此,才能让自然生态环境保持宜居的状态以维持人类的延续,并让后代人在前代人所创造的社会关系的基础上对其丰富性加以发展。

其次,实现社会公平正义。社会公平正义是指社会各方面的利益关系得到妥善协调,人民内部矛盾和其他社会矛盾得到正确处理,社会公平和正义得到切实维护和实现。人与自然的关系始终是人类社会最基本的关系。因此,生态正义或说环境正义始终应该是社会正义的应有之义。在中国特色社会主义社会正义的实现进程中,为实现人与自然的和谐共生,必须坚持维护社会公平正义,实现人与人之间的和谐,实现生态利益和社会利益的公平分配。既要在生态利益分配中促进生态公正,又要在社会利益分配中缩小贫富差距,实现社会公正。

为了缩小贫富差距、实现社会公平,一方面,政府应着力调整二次分配,发挥三次分配的作用。针对收入差距,政府通过累进所得税、征收财产税和遗产税等方式纠正过大的收入差距;在社会支出、财政资源支持方面,坚持利用部分税收发展社会福利事业,保障弱势群体的基本需求,弥补再次分配的不足;鼓励社会捐赠和慈善,让捐赠者有决策权,可以根据自己的意愿选择不同的非营利基金会来推动和支持脱贫攻坚、生态致富;依法规范资金管理和使用。另一方面,政府要把社会正义与生态正义相结合,鼓励个人或社会集团的行为选择和利益分配符合生态平衡原理,符合生物多样性原则,符合世界人民保护环境的愿望和全球意识,符合"只有一个地球"的全球共同利益,特别是符合为子孙万代保护环境的可持续发展观。按照生态定义、生态技术和社会公正的要求实施捐赠,推动生态和谐社会和生态文明社会建设。

十八大以来,党和国家高度重视生态文明建设,先后作出了一系列重大决策,并且取得了显著成效。全国贯彻绿色发展理念的自觉性和主动性日益增强,生态法治体系加快形成,生态文化不断发展,生态社会建设稳中求进。不过,尽管生态文明建设途径多样、稳步推进,但是我国生态环境保护还任重道远。把中国建设成富强民主文明和谐美丽的社会主义现代化强国,仍需要多角度探索生态文明建设途径,大力推进生态文明建设。

学习思考

1. 如何认识和把握生态文明与绿色发展的关系?

2. 中国生态文明建设的主要途径有哪些?

阅读参考

[1] 习近平. 推动我国生态文明建设迈上新台阶[J]. 求是,2019(3):4-19.

[2] 中央文献研究室. 习近平关于社会主义生态文明建设论述摘编[M]. 北京:中央文献出版社,2017.

[3] 郇庆治,李宏伟,林震. 生态文明建设十讲[M]. 北京:商务印书馆,2014:88-120.

[4] 王舒. 生态文明建设概论[M]. 北京:清华大学出版社,2014:64-79.

[5] 刘经纬,等. 中国生态文明建设理论研究[M]. 北京:人民出版社,2019.

[6] 刘经纬,刘伟杰. 大学生生态文明实践教程[M]. 北京:中国林业出版社,2019.

[7] 贾雷德·戴蒙德. 崩溃:社会如何选择成败兴亡[M]. 江滢,叶臻,译. 上海:上海译文出版社,2008.

[8] 小约翰·柯布. 发展生态文明的中国优势[N]. 人民日报,2015-08-21(03).

[9] 小约翰·柯布. 生态文明的希望在中国[J]. 人民论坛,2018(30):20-21.

[10] 何慧丽,小约翰·柯布. 后现代的希望在中国:柯布博士访谈录[J]. 当代中国马克思主义哲学研究,2014(1):249-264.

[11] 刘昌松. 绿色发展理念中的生态价值观要义[J]. 长白学刊,2017(2):40-44.

[12] 王野林. 价值的复归与生态的拯救——从经济理性到生态理性的转向[J]. 广西社会科学,2016(12):70-73.

[13] 本书编写组. 党的十九届五中全会《建议》学习辅导百问[M]. 北京:党建读物出版社,学习出版社,2020.

[14] 中共中央关于坚持和完善中国特色社会主义制度 推进国家治理体系和治理能力现代化若干重大问题的决定[M]. 北京:人民出版社,2019.

[15] 雷明. 深刻把握习近平生态文明思想之"两山"理论[N]. 中国环境报,2020-09-01(03).

第五章
新时代中国特色社会主义生态文明建设

新时代中国特色社会主义生态文明建设一般而言可分为物质、精神和制度三个层面,它是在马克思主义中国化的最新理论成果——习近平新时代中国特色社会主义思想的指导下展开的,它以尊重自然、顺应自然、保护自然为原则,坚持人与自然和谐共生,通过贯彻"绿水青山就是金山银山"的新发展理念,推动形成绿色发展方式和生活方式,统筹山水林田湖草沙的系统治理,实行最严格的生态环境保护制度,实现美丽中国和美丽清洁世界的建设。

第一节　新时代中国特色社会主义生态文明思想

生态文明建设关系人民福祉、关乎民族未来,是实现中华民族伟大复兴的重要战略任务。中国特色社会主义生态文明思想是在中国特色社会主义生态文明建设进程中形成的、具有革命性的思想观念,将引领和推动经济、社会、文化、生态等各方面关系的重大调整和建构,从而推动社会主义中国从工业文明时代走向生态文明时代,最终实现中华民族的永续发展。

一、中国特色社会主义生态文明的基本内涵

生态文明是人类社会文明进步的重要成果,是实现人与自然和谐共生的必然要求。生态文明作为承续原始文明、农业文明、工业文明的一种新型的文明形态,是人类在反思全球性资源环境问题的过程中就自身的基本生存和发展问题做出的科学

回答和新的价值选择,是人类按照人、自然、社会和谐发展的客观规律所取得的物质和精神成果的总和。

新时代中国特色社会主义生态文明思想是中国人民在中国共产党的领导下,以马克思主义思想为指导,坚持以根本解决生态环境问题和满足人民对美好生活、美好生态环境的需要为出发点,在实践中提炼并形成的关于我国生态文明建设的理论。其基本内涵有:一是中国特色社会主义生态文明是中国共产党和广大人民群众在深刻反思传统文明特别是资本主义工业文明的基础上提出的;二是坚持马克思主义关于人与自然的关系的认识,提出绿水青山就是金山银山,主张人与自然是生命共同体;三是坚持以人民为中心,推动发展方式和生活方式的转型升级,走生产发展、生活富裕、生态良好的绿色发展道路;四是坚持生态兴则文明兴、生态衰则文明衰,以最严格的制度保护生态环境;五是提出并坚持中国特色社会主义"五位一体"总体布局,以建设富强民主文明和谐美丽的社会主义现代化强国为目标,不断深化对人类文明发展规律、社会主义建设规律和生态文明演进规律的认识,为建设美丽中国、实现中华民族永续发展提供根本遵循和保障。

二、准确把握中国特色社会主义生态文明

1. 把生态文明建设放到更加突出的位置

经济建设、政治建设、文化建设、社会建设、生态文明建设"五位一体"总体布局是党在十八大报告中对推进中国特色社会主义事业作出的总体布局,标志着我国社会主义现代化建设迈入了新阶段,体现了我们党对于中国特色社会主义的认识达到了新境界。"五位一体"总体布局与社会主义初级阶段总依据、实现社会主义现代化和中华民族伟大复兴总任务有机统一,对进一步明确中国特色社会主义发展方向,夺取中国特色社会主义新胜利具有十分重大的意义。

在"五位一体"总体布局中,经济建设是根本,政治建设是保障,文化建设是灵魂,社会建设是条件,生态文明建设是基础,这五个方面有机联系、相互影响,共同反映着中国特色社会主义现代化从局部现代化到全面现代化、从不太协调的现代化到全面协调的现代化的阶段性变化,体现了广大人民群众根本利益和共同愿望的新变化,反映了中国共产党对社会主义建设规律的新认识。

不过,建设生态文明关系人民福祉,关乎民族复兴,关系到中华民族子孙后代的可持续发展,必须把生态文明建设放到更加突出的位置。首先,要充分认识生态文明建设的重要性。改革开放 40 多年来,有的人只注意发展是硬道理,而忽视了科学发展观。尽管改革开放之初,我国就提出不能走一些国家在现代化过程中走过的"先污染、后治理"的老路。但在实际发展过程中,一些地方对快速脱贫和富裕起来的渴望压倒了环境保护和资源节约的要求。在资本逻辑的驱使下,各种严重污染的企业和项目纷纷上马,工业废水、废料、废气、有毒物质,向大地、江、河、湖、海肆意排放,造成江河湖海、土地、水资源、空气等空间环境的严重污染,破坏了人民的生存环境,损害着人民的身心健康,降低了人民的幸福指数,影响着中国特色社会主义事业的健康发展。如果此类行为得不到有效遏制,长此以往,不仅我国的经济社会难以可持续发展,而且老百姓的生存空间也会越来越狭窄,生存环境会越来越恶化。由此,党的十八大提出中国特色社会主义事业"五位一体"总体布局,把生态文明建设放到更加突出的位置,强调要实现科学发展,要加快转变经济发展方式;提出大力推进生态文明建设,各级领导干部既要坚定保护生态环境的信念,更要坚决摒弃损害甚至破坏生态环境的发展模式和做法,决不能再以牺牲生态环境为代价换取一时一地的经济增长;要加大生态环境保护力度,建设美丽中国,为全球生态安全、应对全球气候变化作出积极贡献。习近平同志指出:"要坚定推进绿色发展,推动自然资本大量增值,让良好生态环境成为人民生活的增长点、成为展现我国良好形象的发力点,让老百姓呼吸上新鲜的空气、喝上干净的水、吃上放心的食物、生活在宜居的环境中、切实感受到经济发展带来的实实在在的环境效益,让中华大地天更蓝、山更绿、水更清、环境更优美,走向生态文明新时代。"[①]

其次,要充分认识生态文明建设的紧迫性。充分认识把生态文明建设放到更加突出的位置,是严重污染问题提出的迫切要求。前些年环京津地区有的地方上了很多水泥厂等高消耗、高污染、高排放的建设项目,已经严重影响京津地区的空气质量和人民群众的日常生活,严重影响人民群众的身体健康,严重影响党和政府形象,已经不仅仅是经济问题。因此,必须正确处理环境保护和经济发展的关系,宁可放缓

---

① 习近平. 在省部级主要领导干部学习贯彻党的十八届五中全会精神专题研讨班上的讲话[N]. 人民日报,2016-05-10(02).

经济发展速度,即使不要金山银山,也要绿水青山,保护良好的生态环境。2013 年 9 月习近平同志参加河北省委常委班子专题民主生活会时针对这一问题指出:"高耗能、高污染、高排放问题如此严重,导致河北生态环境恶化趋势没有扭转。在全国重点监测的七十四个城市中,污染最严重的十个城市河北占七个。不坚决把这些高耗能、高污染、高排放的产业产量降下来,资源环境就不能承受,不仅河北难以实现可持续发展,周围地区甚至全国生态环境也难以支撑啊!这些年,北京雾霾严重,可以说是'高天滚滚粉尘急',严重影响人民群众的身体健康,严重影响党和政府形象。"①

再次,把生态文明建设放到更加突出的位置,必须完善经济社会发展考核评价体系。一方面把资源消耗、环境损害、生态效益等指标纳入经济社会发展评价体系。另一方面,要建立体现生态文明要求的目标体系、考核办法、奖惩机制,借此加强推进生态文明建设的导向和约束。习近平同志指出:"我们一定要彻底转变观念,就是再也不能以国内生产总值增长率来论英雄了,一定要把生态环境放在经济社会发展评价体系的突出位置。如果生态环境指标很差,一个地方一个部门的表面成绩再好看也不行,不说一票否决,但这一票一定要占很大权重。"②

最后,把生态文明建设放到更加突出的位置,最根本的就是坚持党的十八届五中全会提出的"创新、协调、绿色、开放、共享"发展理念,强化创新发展、绿色发展。推动"十三五"时期我国经济社会持续健康发展,按照"十三五"规划,充分认识绿色发展是永续发展的必要条件和人民对美好生活追求的重要体现。必须长期坚持节约资源和保护环境的基本国策,坚持实施可持续发展战略,坚定走生产发展、生活富裕、生态良好的文明发展道路,加快建设资源节约型、环境友好型社会,形成人与自然和谐发展的现代化建设新格局,推进美丽中国建设,为全球生态治理和生态安全作出新贡献。

---

① 习近平. 在参加河北省委常委班子专题民主生活会时的讲话(2013 年 9 月 23 日至 25 日)[G]//习近平关于全面深化改革论述摘编. 北京:中央文献出版社,2014:106-107.

② 习近平. 在十八届中央政治局第六次集体学习时的讲话(2013 年 5 月 24 日)[G]//习近平关于全面深化改革论述摘编. 北京:中央文献出版社,2014:104-105.

2. 生态文明是对工业文明的反思和超越

恩格斯曾说过,人们会重新认识到自身和自然界的一致,而那种把精神和物质、人类和自然、灵魂和肉体对立起来的荒谬的、反自然的观点,也就更不可能存在了。生态文明就是建立在对工业文明弊端的批判、对人与自然关系进行反思和重新认识的基础上的。

(1) 对工业文明的反思

工业文明给人类社会发展带来的巨大进步是我们每个人都无法视而不见的,但是工业文明给社会带来的进步和它给生态环境带来的巨大破坏是成正比的,这种破坏给人类带来了无法挽回的损失。恩格斯曾说过,文明是一个对抗的过程,显而易见,工业文明也是这样一种对抗的文明。它的对抗性表现为经济发展和环境保护之间的对抗、人与自然关系之间的对抗,并且在这种对抗中永远无法达到和谐统一。工业文明以征服自然和控制自然的观念奉行征服型技术观,在获得巨大的效益的同时必然会超出自然承载力,哪怕是对环境问题的严峻性有所认识,一些应对措施也只是无关痛痒的修缮,并不能真正解决生态破坏问题。

(2) 对工业文明的超越

工业文明只追求单纯的经济发展,这种模式严重背离了可持续发展观。面对各种生态问题,我们必须清醒地意识到经济发展和环境保护相结合的重要性。生态文明是重建人与自然和谐关系的必然选择,是解决生态问题的必经道路。生态文明是对现代工业文明及其发展历程的反思,生态文明的本质是超越工业文明,但并不意味着放弃工业文明,更不可能回到原始农业文明的生产生活方式。工业文明所创造的物质财富和一系列先进的科学技术成果都是生态文明建设不可或缺的基础。生态文明是在反思工业文明、尊重自然的基础上实现创新发展和文明转型,其目标是实现人与自然和谐发展。

3. 坚持生态文明与中华文明的内在一致

中华文明的基本精神从政治制度、社会制度到文化、哲学、艺术等方面,都蕴含着生态文明的文化根基,各种天人合一、道法自然的生产生活实践或多或少地闪烁着生态智慧。生态伦理道德则是中国传统文化深层的精神内涵之一。

中华文明的基本精神与现代生态文明内在一致。例如,中华传统文化中对文明影响最大的三个流派,儒家、道家和佛家。儒家主张"天人合一",孟子在《梁惠王》中曾言"不违农时,谷不可胜食也……斧斤以时入山林,材木不可胜用也",强调了尊重自然的重要性;道家主张道法自然,强调道的本质就是自然;佛家认为人与自然是一体的,反对杀生、吃素的要求无一不体现了对自然和生命的尊重。由此可见,古代不同流派之间虽然观点存在差异性,但其中蕴涵的尊重自然的理念是不谋而合的。

生态文明是以遵循自然规律为前提,谋求人与自然、人与人、人与社会和谐发展的文明形态。其基本精神与中华传统文明和合共生、和衷共济、和气生财等和谐文化也一脉相承。中华优秀传统文化是建设生态文明的文脉所在,是建设生态文明的深厚文化基础与思想源泉。在大力推进生态文明建设的过程中,必须遵循中华传统文明的基本精神,大力发扬中华文明的生态智慧。

就世界而言,中华传统文明的生态智慧成为国际社会解决生态危机、超越工业文明、建设生态文明的文化源泉之一。中国共产党提出科学发展观,构建社会主义和谐社会,建设尊重自然的环境友好型社会,坚持走绿色发展道路,大力推进生态文明建设也将有助于中华文明的永续发展,有助于中华民族的伟大复兴,有助于促进世界可持续发展。

4. 生态文明思想是对可持续发展理念的升华

可持续发展理念与生态文明思想都是 20 世纪以来人类在面临资源短缺和生态恶化等生态环境问题时,为转危为安、谋求自身持久健康发展,而对其产生的经济、社会、政治、文化根源不断反思、批判,形成的新的理论成果与战略思想。

可持续发展和生态文明都是强调发展的理论,两者的核心内容是相通的,但生态文明是在可持续发展大背景下建立起来的更高层次的文明理论。

在处理人与自然的关系问题上,可持续发展和生态文明都排斥传统人类中心主义的立场,同时也反对伦理道德对象的无限扩张,反对经济社会的消极退化。强调在尊重自然、遵循规律的前提下发挥人的主观能动性,在满足人类作为一个整体和不同个体的基本需要的前提下,更好地实现人与自然的和谐共生、永续发展。

在着眼点上,可持续发展着眼于人类族群这一整体,强调全球协同发展,兼顾人类社会整体发展进程,更偏重通过发挥"人"的主观能动性维护人类这一族群的整体利益和长远利益,关注当代和子孙后代以及非人类的生命和自然界;着眼于环境保护与经济社会发展的关系问题,强调环境保护、经济发展和社会进步这三者之间的协调发展;可持续发展的最终落脚点是人类社会,即致力于改善人们的生活品质,创造更加舒适美好的生活环境。

生态文明则着眼于文明建构,强调同一文明各个层面的现实转向,其核心是建立尊重自然、顺应自然、保护自然的道德理念,并将这一理念作为经济社会发展的前提和统领,同时激励人们将这一理念落实到生产生活的各个方面。它是以可持续发展理论为基础,从人类文明发展的规律、从中国特色社会主义事业发展的规律出发,结合社会主要矛盾的变化和中华民族永续发展的需要而提出的。可持续发展是指引领人类不断前进、发展的战略,生态文明则是这一战略坚实的思想基础。

在实践层面,可持续发展由联合国及各国领袖、政府主导协调推进;生态文明则主要基于主权国家的实践。时至今日,可持续发展的推进虽然并不是一帆风顺,但仍然是国际社会比较公认的应对生态环境危机、促进人类社会健康发展的主要理论和方法。生态文明在经济社会发展层面更加注重统筹规划,以及经济、政治、社会、文化、生态等各领域转型发展的一体推进。不过,生态环境无国界。总体来说,生态文明往往是以国家为推进主体、由局部扩大到整体的。

可持续发展和生态文明理念都是为应对人类所面临的生态危机、环境危机和发展危机而产生的伟大思想及战略,是人类对既往错误的反思和对既有发展路径的摒弃。可持续发展着眼于持续性和全球性,生态文明则以"人与自然和谐"为着眼点和根本目标。生态文明理论的提出,丰富和完善了可持续发展的思想基础,可持续发展则为生态文明提供了更为宏观和长远的视野。二者互为补充,相互促进,必将共同开创人类社会经济发展、生态良好、人民幸福、文明永续的美好未来。

三、中国特色社会主义生态文明建设的基本内涵

依据党的十八大报告强调要把生态文明建设"融入经济建设、政治建设、文化建设、社会建设各方面和全过程"[①]的论述,中国特色社会主义生态文明建设涉及经济、政治、文化、社会等多个领域,其基本内涵包括经济层面的生态文明建设、政治层面的生态文明建设、文化层面的生态文明建设和社会层面的生态文明建设。四个层

---

① 本书编写组.十八大报告学习辅导百问[M].北京:党建读物出版社,2012:34.

面的生态文明建设相互联系、相互制约,反映了把生态文明建设放到更加突出的位置,融入经济建设、政治建设、文化建设和社会建设的要求和成就。

1. 经济层面的生态文明建设

经济层面的生态文明建设,是指中国社会主义现代化建设过程中的一切经济活动都必须贯彻生态文明思想,要满足人与自然和谐相处的一切要求,不仅要尊重自然、保护自然、顺应自然,还要使人与自然协调发展。在贯彻经济建设要求即大力发展生产力、积极创造物质财富、不断提高人民物质生活水平的同时,更要注重对资源的节约,对环境的保护以及对人口的控制。这样,才能为我国经济社会的发展提供可持续发展的能源,为我国经济社会发展提供良好的人居环境和充足的人口条件。

在经济建设过程中,必须强调我国社会主义经济发展要满足又好又快的发展要求。所谓又好又快发展,就是把发展的"质"与发展的"量"结合起来。不能只重"质"而轻"量",更不能只重"量"。非要分先后关系的话,就要做到"质"第一,"量"第二,在保证"质"的基础上,注意"量"的增长,只有不断量变才能形成质变。因此,在经济发展过程中,加快转变经济发展方式,走中国特色工业化新道路,促进经济增长,实现由主要依靠增加物质资源消耗向主要依靠科技进步、劳动者素质提高和管理创新的转变。要不断提高经济发展的质量和水平,促进经济又好又快发展。始终坚持和实现健康快速发展,就是要落实生态文明理念,把生态文明建设纳入经济发展理念。

从经济发展的目标层面来看,中国社会主义经济的主要发展目标是满足人民日益增长的物质文化需要。大力发展社会生产力,增加社会财富,提高经济效益等只是为了实现这一目标而做的前期努力,即经济发展只是满足人民物质文化需要的手段,经济发展必须以人为本。以人为本作为科学发展观的核心,也是经济社会健康发展必须坚持的长远指导方针。把生态文明建设目标与经济发展目标相结合,是坚持和推动科学发展观的重要体现。中国已成为世界第二大经济体,但各式各样的环境问题也随之而来,且日益突出。只有把生态文明建设融入经济发展,才能形成有利于环境保护的产业结构、增长方式和消费方式,将保护环境和发展经济真正地结合起来、统一起来,从而提高人民物质生活水平和质量。

在经济发展道路上,强调我国社会主义经济发展必须走具有中国特色的经济发展道路。在生态文明建设中,必须充分考虑资源条件和环境的承载能力。集高资源、高劳动力、高成本、高投资于一体的粗放式发展道路已经不能适应目前的生态状况了。尽管这种粗放式的发展方式能够使我国快速在全球经济发展中居于前列,但投入成本太高,付出的代价太大,"先污染后治理""先破坏后建设"的模式是万万不可取的,这也与基于科学发展观的经济社会发展道路相去甚远。科学发展观要求人与自然和谐共处,坚持走中国特色经济发展道路,建设生产发展、生活富裕、生态良好的生态文明。

2. 政治层面的生态文明建设

政治层面的生态文明建设,就是党和政府要把生态文明建设作为我国社会主义现代化建设的重大战略问题,把生态文明建设提高到"政治"的高度,在生态文明建设过程中加强制度建设。党的十八大报告指出,环境保护必须以制度为保障,集中体现在完善生态、环境、资源的保护制度、管理制度、有偿使用制度和损害赔偿制度,对生态保护行为进行表彰奖励。

在政治理念层面,生态文明建设是一个关系人民福祉和国家前途的不可忽视的重大政治问题,必须融入我国政治建设。党的十七大、十八大把生态文明建设载入党代会报告和党章,这是把生态文明建设作为国家重大政治问题的具体体现和最好解释。

在政治发展目标层面,我国社会主义政治发展的根本目标是实现和发展人民民主。政治发展作为一种手段和途径,其本质是实现最广大人民群众的根本利益,保障人民当家作主,保持国家长期稳定和发展。把生态文明建设融入政治发展目标,是实现最广大人民群众根本利益、保障人民当家作主权利的重要体现。因此,要充分发挥人们保护生态环境的主动性和自觉性,调动人们的积极性和创造性参与生态环境保护的监督管理,明确人们在生态环境保护中的责任、权利和义务,激发其时刻保持主人翁精神。作为国家的主人,每个公民都应该学会运用生态环境保护的法律法规来保护自己的生态环境权益。在发展社会主义民主政治的过程中,必须加强生态法制建设,重视生态行政建设,推进生态民主建设。只有把生态文明建设融入政治发展目标,才能真正实现生态文明建设。

在政治发展道路上,中国社会主义政治发展必须走具有中国特色的政治发展道路,从中国国情出发,始终高举人民民主旗帜,坚持党的领导、人民当家作主和依法治国有机统一,要坚持中国特色社会主义政治制度,发展社会主义民主政治,完善社会主义法治。这就要求我们把生态文明建设作为一项重要任务,与人民当家作主、全过程民主、全面依法治国相融合,由此维护和发展人民群众的根本利益。各级领导要树立正确的发展观、生态观、政治观,充分发挥群众在推进生态文明建设中的主导作用,加强信息交流,保障人民群众的知情权、参与权、表达权和监督权,使广大人民群众对自己在生态文明建设中的权与利有深刻而清醒的认识,激发他们参与生态文明建设的主人翁意识,增强其维护生态权益、参与生态文明建设、履行生态环境保护义务的意识,为实现生态文明建设的目标争取广泛的社会支持。

3. 文化层面的生态文明建设

文化层面的生态文明建设,是指在中国社会主义生态文明建设过程中,我们的一切思想和行动都必须符合建设中国特色社会主义生态文明的要求。为弘扬生态道德,并使它为生态文明建设提供智力支持和价值导向,人人都应在行动中贯彻人与自然和谐共生的理念。每个人都要高度重视生态问题,倡导人与自然和谐发展的价值观。

首先,在文化理念层面,强调中国特色社会主义的文化必须是先进文化,必须是面向现代化、面向世界、面向未来的社会主义文化,应把始终坚持马克思主义指导地位、坚持为人民服务、坚持为社会主义服务作为前提,把生态文明建设融入文化建设的各方面和全过程,把生态文明理念融入先进文化发展,形成先进的生态文化理念,进而促进文化理念的发展。

其次,在文化发展目标方面,强调我国社会主义文化发展的根本目标是最大限度地满足人民群众日益增长的精神文化需求。即文化发展作为手段和途径,始终要以满足人民精神文化需求为出发点和归宿,生态文明的文化建设目标也不例外。要抛弃人类中心主义的观念,超越生态中心主义和人类中心主义的纷争而转向人与自然和谐统一的价值立场。同时,把生态文明建设纳入文化发展目标,以唤醒人们的生态意识,提高人们的生态文化意识,使人们自觉承担起保护环境的责任和义务。

最后,在文化发展道路上,强调必须走中国特色社会主义文化发展道路。坚持这条文化发展道路,就是要高举中国特色社会主义伟大旗帜,将社会主义核心价值体系建设作为根本任务,以满足人民精神文化需求为出发点和落脚点,培育高度的文化自觉和文化自信,提高全民族文化素质。在公共文化福祉建设、文化产业发展和文化基础设施建设中,充分考虑人口因素、资源条件和生态环境承载力,把生态文明建设和文化建设有机结合起来,在充分保障人民群众基本生态文化权益的同时,提高人民群众的生态道德水平。

4. 社会层面的生态文明建设

社会层面的生态文明建设是指党和国家在推进社会主义现代化建设过程中,要高度重视和加强各项社会事业的建设,积极解决社会发展、社会进步等各种问题。坚持绿色、循环、低碳发展,发展科学、健康、文明的生产生活方式,促进人们生产生活方式的根本转变,引导人们自觉形成"保护自然、保护生态"的社会氛围,树立生态文明新理念,坚持保护环境和节约资源的基本国策。

首先,在社会发展理念层面,我国社会主义社会发展是环境友好的、和谐社会的发展,人与自然关系的和谐是社会主义和谐社会的科学内涵和一般特征。因此,必须贯彻落实将生态文明建设融入社会建设的战略要求,转变社会发展的理念。只有这样,才能使经济效益、社会效益与生态效益有机统一。

其次,在社会发展目标方面,我国社会主义社会发展以最广大人民群众的根本利益为目的,更加注重保护和改善人民生活。当前,努力解决影响人民健康的重大环境问题,就是最普惠的民生问题。我们必须把人民群众对更良好的生态环境的需求作为将生态文明建设融入社会建设的出发点和回归点。要充分认清:没有健康良好的环境,就不可能有社会发展的可持续,就不可能有人民生活水平的持续提高。当然,对一个国家来说,如果没有良好的生态环境,也很难有充分的资源去实现强国梦。

最后,在社会发展道路上,必须走中国特色社会主义的社会发展道路。与社会主义经济建设、政治建设、文化建设、生态文明建设相一致,社会建设必须作为中国特色社会主义事业总体布局的重要组成部分统一部署、统筹推进。由此,必须从全面统筹协调的角度出发,加强和创新社会管理;必须从全局出发,抛弃生态环境问题"末端治理"的老路,摈弃"污染第一、治理第二""先破坏后建设""先发展后保护"等错误观念;强调"源头控制、过程控制",加快走向经济、政治、文化、社会、生态融合发展的战略新阶段,从根本上防治重大生态环境问题,为经济社会发展创造良好的生态环境,促进党和国家各项事业的发展。

经济、政治、文化、社会四个层面的生态文明建设与狭义的生态文明建设一起,构成了中国特色社会主义生态文明建设体系。它们在这一体系中,既彼此促进,又相互制约,需要在中国特色社会主义生态文明的建设进程中统筹兼顾,协同推进。

第二节　新时代中国特色社会主义生态文明建设的战略部署

建设中国特色社会主义生态文明的战略部署是新时代党和国家根据国际国内形势,结合我国国情和未来发展需要,应对经济发展和环境保护的挑战而作出的重大决策。在社会主义现代化建设过程中,要加强顶层设计,把大力推进生态文明建设各项要求落到实处,努力实现经济效益、社会效益和生态效益的统一。

一、中国特色社会主义生态文明建设的战略目标

建设中国特色社会主义生态文明,是一项包含着经济、社会、资源等内容,以实现可持续发展为目标的系统工程。其长远战略目标是建设美丽中国,实现中华民族的复兴和永续发展。"美丽中国"是党的十八大提出的一个新概念,体现了中国的社会和谐、生态文明和可持续发展,是时代美、社会美、生活美、人与环境美的总和。

生态环境优美宜居是构建美丽中国的基础和前提。因此,建设美丽中国,首先要抓好生态文明建设,以夯实美丽中国的基础和前提。因为生态文明建设,实质上就是要建设以资源环境承载力为基础、以自然规律为准则、以可持续发展为目标的资源节约型和环境友好型社会。生态文明着重强调人类在处理人与自然关系时所达到的文明程度,协调人与自然的关系,使公民在一个优美的自然环境中和谐相处,使人民群众感受到时代之美、社会之美、生活之美、环境之美,喝上干净的水、呼吸新鲜的空气、吃上放心的食物、过上幸福美满的好日子。生态文明建设不是要放弃对物质生活的追求,回到原生态的生活方式,而是以人与自然协调发展作为行为准则,超越和扬弃传统的粗放型发展方式和不合理的消费模式,建立健康有序的生态机制,全面提升全社会的文明理念和素质,使人类活动限制在自然环境可承受的范围内,既立足当前,又着眼长远;既考虑眼前利益,又兼顾子孙后代的利益,实现经济、社会、自然的协调发展。生态文明建设是要实现生态环境既优美又宜居,从而满足人民群众对更加良好的生态环境的需要。

经济持续健康发展是构建美丽中国的根本要求。物质生产是人们从事其他一切活动的前提条件，只有具备一定的物质条件，人们才能从事其他的社会活动。没有必要的物质条件和物质保障，社会主义建设也就失去了依托和支撑。因此，美丽中国需要用生态文明铸就体魄之美，生态文明建设则需要通过经济持续发展来奠定物质基础，提供财力支撑。换句话说，美丽中国要的是山清水秀和富裕强大，不要贫穷落后和环境污染。就历史维度而言，我国已经到了以环境保护优化经济发展的新阶段。建设美丽中国，就要在发展中求保护，在保护中求发展，加快经济增长方式的转变，把环境保护作为转方式、调结构的重要助推器，构建低投入、高产出、低消耗、少排放、能循环、可持续的绿色国民经济体系，从根本上扭转传统粗放型的发展方式，促进发展质量、发展效益和发展水平的协调推进。

人民民主不断扩大是构建美丽中国的强大保障。构建美丽中国，离不开制度保障。法是国之重器，纵观人类社会发展史，凡强国必然是制度大国，美丽中国必须要有有效的政治制度建设作保障。"中华人民共和国的一切权力属于人民"，"人民行使国家权力的机关是全国人民代表大会和地方各级人民代表大会"，人民代表大会是中国民主政治的主要特色，不仅是广大人民群众参与政治的平台，也是美丽中国政治文明的充分体现。加强生态文明制度建设，就必须坚持人民代表大会制度，将人民民主渗透到社会生活的各个方面；必须加快建立有利于人民行使民主权利的体制机制，健全和完善人民群众参政议政的渠道，以制度保障人民民主权利的不断扩大和发展，使社会主义法治理念日益深入人心、法治国家建设的脚步更加有力、社会公平正义的阳光更加灿烂。

文化软实力日益增强是构建美丽中国的内在灵魂。在思想领域，可以内化为精神动力的力量，都可以称为文化软实力，如理论指导、精神动力、智力支持、思想保证、道德规范、纪律约束等。建设美丽中国，是智慧的流露，是文明的行为，是厚德的表现，体现在一个国家、一个地方、每位公民的自觉行动当中，文化软实力已经成为构建美丽中国的内在灵魂。在构建美丽中国背景下，构成国家文化"软实力"的主要资源有三种：其一，在政治文化领域体现国家根本利益的社会主义核心价值体系，体现为以爱国主义为核心的民族精神和以改革创新为核心的时代精神；其二，在传统文化领域代表中国文化核心价值观的优秀思想体系，其中包括集中体现个人、家庭、国家乃至人类社会终极理想的文化价值观；其三，在主流文化领域体现国家主流意识形态、表现国家民族形象的艺术作品。目前，中国是文化供给大国，但不是世界上有重大文化影响的大国，因此在美丽中国的构建中，我们应站在世界文化的制高点，更加主动地承担起传承文化、繁荣文化的历史责任，有力提升我国文化软实力。

和谐社会人人共享是构建美丽中国的必要条件。社会主义和谐社会是人类孜孜以求的一种美好社会，马克思主义政党不懈追求的一种社会理想。中共十六大报告第一次将"社会更加和谐"作为重要目标提出。建设和谐社会是我们全体群众共同的期盼。和谐社会体现在人内心的和谐、人与人之间的和谐、人与自然的和谐。保障人民群众根本利益，使人内心和谐；保障公平正义，促使人与人之间的和谐；保护环境关注生态，象征人与自然的和谐。在十八大上，党中央又提出了建设美丽中国的新要求，这是继构建和谐社会、贯彻科学发展观之后关乎中华民族未来的又一个具有历史高度的新思想。美丽中国不仅要强调生态文明、山川秀丽和经济良性发展，还要重视思想道德，包括思想、道德、文化、礼仪、伦理等内容，这是对全体中国人民提出的极高要求。从和谐社会到科学发展观，再到美丽中国，这是一条逻辑递进、完整系统的、负责任的中国发展路径，需要全党和全国人民共同行动起来，才能开创社会和谐人人有责、和谐社会人人共享的生动局面。

二、中国特色社会主义生态文明的战略任务

建设中国特色社会主义生态文明，要坚持节约资源和保护环境的基本国策，坚持节约优先、保护优先、自然恢复为主的方针，着力推进绿色发展、循环发展、低碳发展，形成节约资源和保护环境的空间格局、产业结构、生产方式、生活方式，从源头上扭转生态环境恶化趋势，为人民创造良好的生产生活环境，为全球生态安全作出贡献。

优化国土空间开发格局。国土是生态文明建设的空间载体，必须珍惜每一寸国土。要按照人口资源环境相均衡、经济社会生态效益相统一的原则，控制开发强度，调整空间结构，促进生产空间集约高效、生活空间宜居适度、生态空间山清水秀，给自然留下更多修复空间，给农业留下更多良田，给子孙后代留下天蓝、地绿、水净的美好家园。加快实施主体功能区战略，推动各地区严格按照主体功能定位发展，构建科学合理的城市化格局、农业发展格局、生态安全格局。提高海洋资源开发能力，发展海洋经济,保护海洋生态环境,坚决维护国家海洋权益,建设海洋强国。

全面促进资源节约。节约资源是保护生态环境的根本之策。要实行资源的节约化、集约化利用,推动资源利用方式的根本转变,加强全过程节约化和集约化管理,大幅降低资源、能源、水和土地的消耗强度,提高资源利用效率和效益。推动能源生产和消费革命,实行能源消费总量控制,加强节能降耗,鼓励节能低碳产业和新能源、可再生能源发展,确保国家能源安全。加强水源地保护和用水总量管理,推进水资源的循环利用,建设节水型社会。严守耕地保护红线,严格土地用途管制。加强矿产资源的勘察、保护和合理开发。发展绿色低碳循环经济,促进资源能源在生产、流通和消费过程的减量化、再循环和再利用。

加大对自然生态系统和环境的保护力度。良好的生态环境是人和社会永续发展的根基。要抓紧实施重大生态修复工程,增强生态产品的生产能力,综合治理荒漠化、石漠化和水土流失,扩大森林、湖泊、湿地保护,维护生物多样性。加快现代化水利设施建设,增强城乡一体化的防洪抗旱排涝能力。加强现代化防灾减灾体系建设,提高气象、地质和地震灾害的综合防御能力。坚持预防为主、综合治理的方针,解决损害群众健康等突出的环境问题,巩固水、土、气等污染攻坚战的成果。在全球生态治理中,坚持共同但有区别的责任原则、公平原则、各自能力原则,与国际社会一道积极应对全球气候变化。

加强生态文明制度建设。保护生态环境必须依靠制度。要把资源消耗、环境损害、生态效益纳入经济社会发展评价体系,建立体现生态文明要求的目标体系、考核办法、奖惩机制。建立国土空间开发保护制度,完善最严格的耕地保护制度、水资源管理制度、环境保护制度。深化资源性产品价格和税费改革,建立反映市场供求和资源稀缺程度、体现生态价值和代际补偿的资源有偿使用制度和生态补偿制度。积极开展节能减排工作,坚持推进碳排放权、排污权、水权交易试点。加强环境监督和管理,健全和完善生态环境保护责任追究制度和环境损害赔偿制度。加强社会主义生态文明的宣传教育,增强全体人民的节约意识、环保意识、生态意识,形成合理消费的社会风尚,营造爱护生态环境的良好风气。

第三节　新时代中国特色社会主义生态文明的制度建设

生态文明制度建设,既涉及资源系统与环境系统的重新耦合,又涉及经济制度、政治制度、文化制度和社会制度的重新构建。因此,它既要求重新认识与协调文明制度建设与其他制度建设之间的关系,又要求启蒙与推进其他制度建设向生态化方向变革,还要求以法律制度体系的方式促进生态文明行动方案的实施。显然,比起其他制度建设来说,生态文明制度建设更具复杂性、艰巨性、创新性、探索性。

一、狭义与广义的生态文明制度建设

1. 狭义生态文明制度建设内容

我国当前及今后相当长一段时期所处的发展阶段决定了中国特色社会主义生态文明的制度建设需要经历一个长期的过程,这个过程是一个从狭义到广义的演进过程。

狭义生态文明制度更加突出具有确定性、稳定性和强制性的正式规则或外在制度,这是因为,工业文明带来的环境破坏亟须控制和治理,作为继工业文明而起的新文明——生态文明,其从萌芽、形成到成熟和发展需要相当长的过程,人们在工业文明时期形成的生产生活方式及观念需要一个逐步转变的过程,在这个过程中,需要具有确定性、稳定性和强制性的规则来规范人们的行为,使社会生产和生活朝着人与人、人与自然和谐共生的方向发展。

狭义生态文明着重强调人类在处理与自然关系时所达到的文明程度,在实践中是指生态环境保护的观念和行为。与此相适应,狭义生态文明制度建设的重点是生态环境保护的制度体系建设,主要包括体现生态环境保护理念的政治制度、社会组织制度、文化制度、经济制度建设,以及生态环境保护法律法规、行政管理制度等制度运行机制构建。党的十八大报告提出:"加强生态文明制度建设。要把资源消耗、环境损害、生态效益纳入经济社会发展评价体系,建立体现生态文明要求的目标体系、考核办法、奖惩机制。建立国土空间开发保护制度,完善最严格的耕地保护制度、水资源管理制度、环境保护制度。深化资源性产品价格和税费改革,建立反映市场供求和资源稀缺程度、体现生态价值和代际补偿的资源有偿使用制度和生态补偿制度。加强环境监管,健全生态环境保护责任追究制度和环境损害赔偿制度。加强

生态文明宣传教育,增强全民节约意识、环保意识、生态意识,形成合理消费的社会风尚,营造爱护生态环境的良好风气。"①这些内容涉及的均是通过制定正式规则着力改善人与自然关系、促使其和谐相处的狭义生态文明制度建设,规定了中国特色社会主义未来一段时期内生态文明制度建设的主要目标和内容。

2. 广义生态文明制度建设内容

生态文明制度建设不能只停留在狭义层面,要在经济、政治、文化和社会制度建设中逐步融入生态文明的理念和内容,即从狭义生态文明制度建设向广义生态文明制度建设推进。广义生态文明制度建设是"长期的""方向性的""战略性的",是生态文明制度建设的终极目标。

现阶段,广义生态文明制度建设的重点是理论建设,提出生态文明制度建设的最终目标、制度框架和建设路径。

广义生态文明制度与狭义生态文明制度不同,它不只着重于生态环境保护制度的建设,而更注重生态化的制度体系,强调政治制度、法律制度、文化制度、社会组织制度和经济制度的全面生态化。

广义生态文明制度建设的基础是完善的社会主义经济制度。在完善的社会主义经济制度基础上建立的规则不仅包含正式规则和制度运行机制,而且包含第三层次的非正式规则或者内在制度,并且非正式的规则将发挥更加重要的作用,因为生态文明已经全面统领社会主义核心价值观,人与人和谐相处、人与自然和谐相处将成为人人自愿的行为习惯。

二、中国特色社会主义生态文明制度体系的建设历程

中国生态文明建设经历了一个认识不断深化、实践不断加强的过程:从单纯的环境保护到可持续发展,到科学发展,再到坚持绿色发展理念,尤其是党的十八届三中全会提出建立系统完善的生态文明体系,这是生态文明建设的重要保障。深化生态文明体制改革,保证生态文明建设取得实效,必须建立完善的制度。生态文明体系建设的核心问题是保护与发展的关系问题,是要实现生态自然环境保护与经济社

① 胡锦涛.坚定不移沿着中国特色社会主义道路前进 为全面建成小康社会而奋斗——在中国共产党第十八次全国代表大会上的报告(2012年11月8日)[M].北京:人民出版社,2012:20,40.

会发展的有机统一。保护环境不是放弃发展,而是为了更好地实现经济社会的可持续发展;但经济社会发展一定不能以破坏环境为代价。生态文明体系建设是一项复杂的系统工程,必须融入经济建设、政治建设、文化建设和社会建设的全过程。中国特色生态文明制度建设经历了长期的探索和积累过程。

中华人民共和国成立以后,我国生态环境保护事业开始萌芽起步,20世纪80年代初把保护环境确立为基本国策;90年代将可持续发展上升为国家战略,把建设资源节约型和环境友好型社会作为目标;21世纪初实施科学发展观,生态环境保护的战略地位不断提升。特别是党的十八大以来,以习近平同志为核心的党中央在继承前人成果的基础上,提出了建设生态文明制度体系、提升生态治理体系和治理能力现代化,以此来推进富强民主文明和谐美丽的社会主义现代化强国目标的实现。

1. 党的十八届三中全会首次提出以制度保障来保护生态环境,明确了生态文明制度体系建设在国家治理体系和治理能力现代化中的地位和作用。党的十八届三中全会通过了《中共中央关于全面深化改革若干重大问题的决定》,确定了"完善和发展我国社会主义制度,推进国家治理体系和治理能力现代化"和全面深化改革的总体目标及深化生态系统改革的具体目标,通过生态文明体制改革和动力机制建设来推进生态文明体系建设,通过国家治理体系现代化的协调机制和制衡机制来解决生态系统严重退化、环境污染和资源约束问题,并建构起"5+5"的制度模式。

2. 党的十八届四中全会明确要通过严格的法制保护生态环境,加快建立有效抑制生态环境破坏行为、促进绿色发展的生态文明法制,强化生产者的环境保护法律责任,大幅增加违法成本。建立健全自然资源产权法律制度,健全土地开发保护法律制度,制定和完善生态补偿、防治水土流失和大气污染的法律法规。保护海洋环境等,促进生态文明建设。

3. 2015年9月,中共中央、国务院印发了《生态文明体制改革总体方案》,要求建立自然资源资产产权制度、国土空间开发保护制度、空间规划体系、资源总量管理和全面节约制度、资源有偿使用和生态补偿制度、环境治理体系、环境治理和生态保护市场体系、生态文明绩效评价考核和责任追究制度八项制度,这些制度构成了中国的生态文明制度体系。生态文明是社会主义现代化建设新进程的重要组成部分,必须加快生态文明体制改革,改革环境监测体系。建设美丽中国,要着力解决重大环境问题,加强生态保护。

4. 党的十九届四中全会通过了《中共中央关于坚持和完善中国特色社会主义制度推进国家治理体系和治理能力现代化若干重大问题的决定》,首次对生态文明建设领域基础性制度体系进行了集中梳理、系统设计和全面呈现。它把生态治理体系和治理能力建设摆到更加突出的位置,把着力点放到了加强系统集成、协同高效上来,要求尽快建立系统完备、科学规范、运行有效的制度体系,充分保障和满足人民群众对美好生活的向往。其里程碑意义具体体现在以下几个方面。

(1) 生态文明理论是理论与实践相结合的理论,具有基础性、全局性、稳定性和可持续性等特点。因此,生态文明体系建设在生态文明建设过程中起一个总抓手作用。生态文明建设是一场深刻的变革民众观念的革命。从生产方式和生活方式来看,生态文明体系建设的重要性不言而喻。多年来,生态文明体系建设一直是促进我国生态文明和环境保护发展的重要保障,我国资源环境承载力已经达到或正在达到极限,人与自然的关系日益紧张,原有制度的客观基础和基本条件发生了根本性变化,建立和完善一个尊重自然的制度迫在眉睫。党的十九届四中全会通过的《中共中央关于坚持和完善中国特色社会主义制度推进国家治理体系和治理能力现代化若干重大问题的决定》将生态文明制度列为中国特色社会主义制度的重要方面和有机组成部分之一,充分体现了生态文明建设的重要性。生态文明是关系中华民族永续发展的千年大计。

(2) 生态文明制度体系与其他体系紧密相连。它是中国特色社会主义制度的产物,是建设生态文明的最大优势,是制度自信的根源。它与党的集中统一领导相结合,成为中国特色社会主义制度的重要组成部分。习近平生态文明思想坚持党的科学理论,为生态文明建设和环境保护提供了基本指导和方向,坚持以人为本的发展理念,提高环境质量已成为环境保护的中心目标,环境保护的成效也得到了人民的认可。《中共中央关于坚持和完善中国特色社会主义制度推进国家治理体系和治理能力现代化若干重大问题的决定》的决策过程体现了总结历史、面向未来的统一,把力量与创新的统一结合起来,面向问题、面向目标,是党和国家实践创新的核心,是理论探索、理论拓展的核心,经中央审查实施,深化和细化环境监测和环境治理,巩固和深化了中国近年来克服体制障碍、机制障碍和政治创新的改革成果,巩固和深化了建立共同外交和安全政策的成果。这不仅是我国生态文明建设取得的巨大成功,而且是全球生态文明建设取得的重要成功。其中体现出来的在实践和理论上的创新是未来建设美丽中国的根本方向。

(3)提出坚持与完善生态文明制度体系的着力点。《中共中央关于坚持和完善中国特色社会主义制度推进国家治理体系和治理能力现代化若干重大问题的决定》将生态文明制度体系分为四个方面:生态环境保护制度、资源高效利用制度、生态保护和修复制度、生态环境保护责任制度,这四个方面紧密相连,形成了一个环环相扣的制度体系。在这个过程中,生态文明制度建设的不断推进,是具有重要的理论突破和现实意义的。

首先,保护生态环境是生态文明制度体系的核心,要注重生态环境保护制度的严谨性,将行政执法与司法活动相结合,并借助价格税费手段,解决一系列的生态环境问题。

其次,资源的有效利用是从源头上保护环境的最重要措施,我们要把节约资源和保护环境的基本国策统一起来,使之更加切合实际。

第三,生态保护与污染防治是密不可分、相互影响的,我们必须在全球范围内促进环境保护和污染防治,让分子与分母共同努力,提高环境容量和生态空间。

第四,环境保护责任制的责任者要注意人与人之间关系的适应。责任问题是生态文明建设和环境保护的关键问题,不仅是过去的重点,也是未来的重点。这是中国特色社会主义生态文明制度的优势所在。要理解环境保护责任制,并强调环境保护责任制在促进和提高环境保护质量,以及生态环境保护、资源高效利用、环境保护与修复等方面的作用。

(4)继续推进国家治理体系和环境管理能力现代化建设。一个国家的治理体系和制度实施能力,反映了治理体系和治理能力的现代化水平,《中共中央关于坚持和完善中国特色社会主义制度推进国家治理体系和治理能力现代化若干重大问题的决定》从坚持与巩固、完善与发展两个方面对治理系统进行了概括。推进以治理体系现代化和治理能力建设为核心的生态文明体系建设需要从三个方面入手:一是坚持和巩固一批制度的落实,确保各项制度的有效落实,包括最严格的环境保护制度的落实。这些制度包括资源总量管理制度和全球保护制度、资源分类和利用制度、损害赔偿责任永久追究制度、资源有偿使用制度、企业责任和政府监管责任制度。近年来，通过不断实践和完善，这些制度已经基本成熟，今后还将进一步完善，着力打造更加正规的制度，提高生态文明建设和环境保护的效率。

二是改革创新，完善和发展一批制度。如健全自然资源产权、海洋资源开发保护、自然资源监管、国家公园保护、生态环境监测和评价等制度，完善主体功能区制度、污染防治区域联动机制和陆海统筹的生态环境治理体系、生态环境保护法律体系和执法司法制度、生态环境公益诉讼制度等，建立以排污许可制为核心的固定污染源监管制度体系、生态文明建设目标评价考核制度、国土空间规划和用途统筹协调管控制度等。与其他的领域相比，制度建设在生态文明领域的体现还比较薄弱。我们前进的方向是正确的，但要处理好人与自然的关系，限制人的行为，还有很多工作要做；要坚持创新与制度运行并重，加强理论体系与地方实践相结合，及早总结转型，出台扶持政策，使制度更加成熟有效。

三是多方面、全过程重建治理体系，不仅要有理论，也要真正落实到实践，这是制度建设的目标。完善制度治理，要着眼长远，标本兼治，并按问题导向、目标导向、影响导向进行分类；加强全球管理，注重充分利用法制建设、环境保护等各项绿色生产和消费措施；坚持源头治理、空间保护、资源所有权、节约资源等制度是提高资源治理效率的有效措施，要加强治理协同和制度协同分析，形成制度群组，并转化为法律法规，及时指导价值观和行动指南。

为全面贯彻党的十九届四中全会精神，推进国家治理体系和环境治理能力现代化，以始终坚持建设美丽中国和提高生态环境质量为目标，解决制约环境保护事业发展的体制性问题，完善法律和司法执法体系，完善环境和经济政策，增强环境保护能力，鼓励全民参与环境保护，加快建立健全生态环境管理体系，努力把生态环境管理体系效益转化为管理效益。

三、制度建设对于生态文明建设的重要意义

正如十八大报告中所指出的"保护生态环境必须依靠制度"，生态文明建设必须依靠制度建设。当然，这并不是说制度建设是生态文明建设的唯一途径，但把生态文明建设落实到制度建设层面上来，是把生态文明建设从理念转变为实践的一个重要标志。

从直接目标来看,生态文明建设是要实现人与自然的和谐,解决人与自然的关系问题,但从更深层次来看,生态文明建设是要解决人与人的关系问题,其中涉及社会生产和生活的各项制度、体制问题。因此,生态文明建设实际上也是一个社会问题,解决这个社会问题必须要依靠体制改革和制度完善。

1. 制度建设是将生态文明理论转化为实践的必要环节

生态文明建设不仅要求改变"以人为本"的观念,树立人与自然和谐发展的观念,而且要求把积极的观念转变为现实的行动。制度和制度的建设与完善是一个非常重要的中间环节,制度规范是把生态文明建设理念转化为现实操作方案的具体标准,仅仅依靠对法律的积极认识是不够的。为了解决人与自然的关系问题,促进社会的发展,我们必须从自然和社会发展的角度,甚至从科学的角度来设计和构建管理体制,可以从社会制度运行机制和实际运行机制两个方面来进行研究。社会制度是社会发展规律与现实生活之间的中介和桥梁,是反映社会发展规律、指导社会运行、改造社会结构、促进社会发展的完善的社会制度。

2. 制度建设是实现"五位一体"总体布局的保障

生态文明建设既与政治建设、经济建设、文化建设及社会建设相互协调、彼此促进、不可分割,又需要置于更加突出的地位,融入经济建设、政治建设、文化建设和社会建设的各方面和全过程,使经济社会的各个领域逐渐实现绿色转型,以确保中国式现代化和生态文明建设的中长期目标的共同达成。因此,推进生态文明建设必须致力于生态文明的制度建设,以制度和法律的不断完善,确保"五位一体"总体布局的实现。

3. 制度建设是巩固生态文明建设成果的重要保证

事实上,一个国家或地区生态文明目标的达成,不仅取决于它对社会发展规律的认识和对科学的理论的遵循,而且取决于它所产生的理论、道德、制度、文化及其耦合而成的模式。通过建构起来的好的模式,可以有效地发挥社会行为协调、人际关系调节、社会保障与制度保障协调等作用。实践表明,当代中国的一切进步,都离不开制度规范,当然这也包括生态文明建设的成果,建立健全制度,可以更好地巩固和促进我国先进生态文明的成果。

学习思考

1. 中国特色社会主义生态文明思想的基本内涵是什么？

2. 中国特色社会主义生态文明建设的战略部署是什么？

3. 简述中国特色社会主义生态文明建设的制度建设。

阅读参考

[1] 杨志,王岩,刘铮,等.中国特色社会主义生态文明制度研究[M].北京:经济科学出版社,2014.

[2] 王舒.生态文明建设概论[M].北京:清华大学出版社,2014.

[3] 贾卫列,杨永岗,朱明双,等.生态文明建设概论[M].北京:中央编译出版社,2013.

[4] 郇庆治,李宏伟,林震.生态文明建设十讲[M].北京:商务印书馆,2014.

[5] 王金南,蒋洪强,何军,等.新时代中国特色社会主义生态文明建设的方略与任务[J].中国环境管理 , 2017(6):9-12.

[6] 李桂花,张建光.中国特色社会主义生态文明建设的基本内涵及其相互关系[J].理论学刊,2014(2):92-96.

第六章
中国生态文明试验区建设进展与经验

生态文明试验区(2016 年前称"先行示范区")是中华人民共和国成立 70 多年来中国共产党领导全国人民不断加强环境保护,努力探索环境与发展协调、人与自然和谐共生的现代化道路的典范性成就。70 多年来中国共产党领导着中国的环境保护和生态文明建设,不仅形成了以习近平生态文明思想为代表的最新理论成果,而且走出了一条生态文明建设的中国特色道路。其历程大致可划分为三个阶段:第一阶段,从中华人民共和国成立至 1977 年,这是生态环境保护和绿色发展的初级阶段,人们在绿化祖国的同时开始采取措施防止生态环境遭到破坏。第二阶段,从1978 年到 2011 年,这是全国环境污染治理力度不断加大、环境保护逐渐法制化、经济社会发展逐步开始转型的阶段。全国环境污染治理投资每年有 25 亿~30 亿元。第三阶段,从 2012 年至今,生态文明建设被摆在了国家治理的突出位置,坚持走生产发展、生活富裕、生态良好的绿色发展道路,坚持从根本上变革发展方式,推进生态文明融入经济建设、政治建设、文化建设、社会建设,以生态文明先行示范区的先行先试、创新变革引领人与自然和谐共生的美丽中国建设,为贯彻习近平生态文明思想、万众一心促进人与自然和谐共生、努力争取中华民族更美好的未来、建设美丽世界贡献中国方案、提供中国经验。①

---

① 陈亮,胡文涛.生态文明中国之路的实践探索与时代启示[N].光明日报,2020-06-11(6).

第一节　福建省建设生态文明试验区的进展与经验

改革开放以来,面对严重的环境污染和生态破坏形势,人们对环境保护和生态文明建设的认识空前提高,生态环境治理成效彰显,环境状况得到改善。中共十八大报告强调要更好发挥"绿色先行者"的示范作用。2013 年 12 月,国家发改委等六部委下发了《关于印发国家生态文明先行示范区建设方案(试行)的通知》,以推动绿色、循环、低碳发展为基本途径,促进生态文明建设水平的明显提升。福建作为生态环境资源禀赋优厚而传统工业化模式嵌入程度相对较浅、经济发展相对较弱但区位条件相对优越的东部沿海省份,成为首批生态文明建设先行示范区之一。2016 年中共中央办公厅、国务院办公厅印发了《关于设立统一规范的国家生态文明试验区的意见》,福建与江西、贵州一起被列为首批国家生态文明试验区。

一、福建省生态文明试验区建设的思想条件

福建成为国家首批生态文明建设试验区,一方面得益于优越的自然生态禀赋,另一方面得益于习近平同志在当地任职时对生态文明建设的高度重视和理论思考。

就生态文明思想条件而言,福建既是习近平生态文明思想形成的重要场域,也是率先以习近平生态文明思想为指导的地方。在 1985 年 6 月至 2002 年 10 月的 17 年半间,习近平先后任职于福建各地,为福建生态文明建设作出了极大的思想贡献。

1980 年全国第五届人大常委会审批通过了国内四个经济特区,福建厦门为其中之一。从那时起,福建的地位发生重大改变,开始走向新的道路,中央政府对福建的关注与期望也增加了。与此同时,福建也吸引了全国各地人才来发展经济、参与建设。然而,当时福建的基础设施极其薄弱,大部分地区交通困难,经济相对孤立且十分贫困,没有电,没有路,也没有钱。投资者过来投资,甚至没有电话和住所。干部和民众的思想都十分守旧,许多人虽有怨言却无谋求改变的意识。所以福建省委经过研究与讨论,认为当时在厦门工作已有三年的习近平同志能力强、思想新、群众基础好,决定把他调到相对贫困的宁德,希望他带领干部群众谋求新发展,给福建当时的落后状况注入新鲜血液。1988 年 6 月,习近平同志成为宁德地方委员中年纪最小的成员。他在两年内踏遍了宁德的山河,从而对福建宁德有了更深的了解,因

地制宜地提出了更适合当地经济发展与生态建设的途径。①

1990 年,袁启彤作为福建省委常委、分管福州市工作的同志,提出在福州市设立专职书记。省委一致认为习近平同志是最合适的人选,他在各岗位、各地区接受过历练,是一位精力充沛、积极进取的候选人,具有丰富的实践经验。为了有规划地发展福建福州的经济,习近平同志组织相关专家并领导相关干部编写了《福州市 20 年经济社会发展战略设想》,以专业眼光规划了当地在未来 3 年、8 年至 20 年的经济和社会发展战略,这一构想又称"3820"工程。② 习近平同志领导编制的福州经济社会发展规划不仅志在改变福州经济建设在港澳粤闽台南中国海区域内处于"后排就座"的状况,更在于变落后为先进,通过中长期的经济社会持续发展,实现福州经济、科技、社会、文化、教育和生态的跨越式发展。经过一任接着一任干,"3820"工程的精髓已融入福州生态文明建设和高质量发展的实践进程。

习近平同志在福建任职时,十分重视对马克思主义经典文献的研究,他善于在学习中把马克思主义生态观与福建实际情况相结合,从而实现理论创新与实践探索的良性发展。他深知自然环境对人类的生存和发展具有重要作用,认为保护和改善生态环境也是在生产和发展生产力,因此提出发展转型、因地制宜地利用当地生态环境优势来进行绿色发展的主张。在世纪之交,习近平强调坚决不应该为了经济增长而牺牲生态环境,谋求发展必须要设红线,同时直击要害地驳斥了当时"经济发展的生态环境成本是不可避免的"的观点。生态保护是一切发展的前提,对生态资源的开发利用必须坚持可持续发展的底线,实现经济发展与生态保护相互促进的良性循环。习近平同志的论断科学地回答了生态环境建设的前提和方法等重要问题,这成为福建省进行生态文明建设的基本指导思想和科学指南。

二、福建建设生态文明试验区的实践与进展

1996 年 4 月 21 日,习近平同志被调任到福建省委。他抓住世纪之交的历史机遇,主持制定了福建在世纪交汇点下的发展战略。直至他被调到中央后,他仍然十

---

① 兰锋,郑昭,林蔚,等.山海情怀 赤子初心——习近平总书记在福建的探索与实践·党建篇[J].福建党史月刊,2017(7):1,4-16.

② 邱然,黄珊,陈思.习近平同志不仅有思路,还有切实的行动——习近平在福建(五)[N].学习时报,2020-06-24(3).

分关注福建省对生态文明建设规划的实施。正是这些规划的持续实施,使得福建省有机会和能力成为国家首批生态文明建设先行示范区之一。

首先,为了探索世纪之交经济发展的方向和应对环境资源的巨大压力,2001年,习近平同志提出了建设"生态福建"的构想,并且担任"生态福建"建设小组的负责人,组织了福建省历史上工程量最大的生态文明考察项目,以保证对"生态福建"的构建有充分的准备。2002年7月3日开展的福建省环境保护会议第一次对"生态福建"战略的具体方针、宗旨和举措进行讨论和制定。同年8月,中央政府通过将福建列为首批试验生态文明建设省份的决议。习近平同志构想和领导实施的"生态福建"的想法,在当时国内是没有先例的。正是由于他的决策,福建省作为对外开放的省份之一,才没有走上"先发展经济后治理污染"的弯路,当地的生态环境才没有在发展中变得更恶劣,而是与经济发展相辅相成。这是"生态福建"建设战略的成就之一。2004年底,国家批准发布了《福建生态省建设总体规划纲要》,提出要让福建的经济发展逐步转型,环境只能在发展中变得更好,不能变得更差,以此逐渐实现经济发展的良性运行。该文件还明确了"生态福建"构想的目标,要在以后二十年中,使福建收到的注资满700亿元,以建成绿色高效的经济发展体系。习近平同志不仅在福建任职的时候对当地生态建设和绿色发展之路进行了完整的规划,他调入中央后,仍然密切关注福建的生态环境保护与体系建设的进度。

其次,建设"数字福建"。当时互联网尚未普及,大部分人对电脑和网络都还不太了解,但是习近平同志具有长远的目光,坚持建设"数字福建"。为做好"数字福建"构想的前期准备与中期实践,他专门组建了"数字福建"构想行动小组,并自己负责这一构想的领导规划。"数字福建"建设主要包括四个做法:一是积极推进"处处相连",二是积极推进"物物互通",三是积极推进"事事网办",四是积极推进"业业创新"。① 到目前为止,这一举措已经使当地人民的生活初步实现了网络化,这不仅给群众办事带来了极大的便利,也极大地加快了社会各方面的发展步伐。

最后,进行林业体制改革。福建是我国的林业大省,森林覆盖率居全国首位,达

---

① 中国网.新闻办就"坚定不移推动绿色发展的福建实践——加快建设高素质高颜值的新福建"举行发布会[EB/OL].(2019-07-19)[2021-06-09].http://www.gov.cn/xinwen/2019-07/19/content_5411725.htm.

65.95%,其地貌可用"八山一水一分田"概括。然而,坐拥"金山银山"的林农们的生活却一直处于贫困之中,林业发展中存在着"权属不明确、管理主体混乱、机制僵硬、分配死板"四大问题。2001 年,第一本标注着林业产权与使用权全权属于林农个人的新式林权证被发送到捷文村的林农手中,标志着林业体制改革的开始。2002 年,习近平同志到当地林业大县武平进行专题考察,并作出"集体林权制度改革要'承包到户''发证到户'"的决定。① 从那以后,集体林权制度改革的步伐不断走向全省范围,并被分享和推广至全国各地。这场改革不仅让林农产权明晰到户,探索和创新了林业发展模式,让林农们学会利用林木资源,也维护了福建的生态环境,坚持了绿色发展的理念,激活了生态建设一盘棋。至 2017 年,福建林权改革经过 15 年的艰苦实践,为福建的生态建设作出了巨大贡献,展现出其强大的生命力。

习近平同志在福建省委工作时,还非常有预见性地组织相关专家开展了台湾海峡桥梁隧道论证研讨工作,并在研讨会中提出非常具有实践性的方案。研讨方案提交中央后,交通部在制定全国 20 年公路网长期规划时,列入了几个方案中较为实际的京台高速公路,把海峡隧道当作与台湾的连接。这条通道由桥梁、隧道以及人工岛结合组成,工程庞杂。专家预测,它在建成之后将会给两岸人民带来巨大效益,对海峡两岸的经济交流融合和祖国统一的意义远远超过其建造价值。②

2014 年 3 月,为了进一步推进福建省生态文明建设和国内生态文明发展的进程,国务院出台了《关于支持福建省深入实施生态省战略加快建设生态文明先行示范区的若干意见》的文件,支持福建的生态发展。由此,福建成为中国第一个生态文明先行示范区。2016 年 8 月,中央政府公布了《关于设立统一规范的国家生态文明试验区的意见》,福建、江西、贵州成为国家第一批试点进行生态文明建设的省份。同期发布了《国家生态文明试验区(福建)实施方案》,要求福建贯彻习近平总书记的指示精神,在不断的试验探索与创新中推动国家生态建设进程、贡献典型做法。

为了不负中共中央对福建省的期望与重视,福建省委与各市党政领导干部于

① 邱然,黄珊,陈思."习近平同志不仅有思路,还有切实的行动"——习近平在福建(五)[N].学习时报,2020-06-24(3).
② 邱然,黄珊,陈思."习近平同志不仅有思路,还有切实的行动"——习近平在福建(五)[N].学习时报,2020-06-24(3).

2016 年 1 月 9 日共同签订了《2016 年度党政领导生态环境保护目标责任书》，立下"军令状"，要以"党政同责"作为要求，用实际行动细化福建生态文明建设过程中的权责归属，坚持生态底线，贯彻绿色可持续发展的理念。该责任书指出，福建的环境建设首先要把空气、河湖、土地等污染的防治放在首要位置，因地制宜地制定专项对标整治方案。同时成立了生态文明建设领导小组，建立各部门生态保护"一岗双责"机制。①

在福建省委领导小组的不懈努力下，在全省干部与群众的共同努力下，相关专家针对中央提出的 38 项主要任务制定了专项对标整改方案并组织实施，其中 22 项已经形成成果。2016 年，中央将福建在生态文明建设过程中制定的"党政同责、一岗双责"的管理机制向各地分享；2017 年，中央将福建长汀的水土流失治理方案向全国分享并推广；2018 年，木兰溪水系生态治理经验推向全国。至此，福建已有 18 项改革经验向全国推广。

通过建设生态文明试验区，福建省逐步实现生态环境和经济发展的相互促进。到 2018 年，福建省的林木比重已经持续 40 年位于国内首位，12 条省内主要河湖水质优良、九市空气质量达优的总时比例达 97％、$PM_{2.5}$ 浓度比国内整体低 1/3，福建摆脱了靠消耗自然资源来发展经济的道路。在实现生态美的同时，其经济也不断高质高效茁壮成长。未来福建仍将持续推进绿色高质量发展。②

三、福建省建设生态文明先行示范区的经验

福建省委在进行生态保护的过程中，主要采取的行政措施有：加强组织领导、加强决策部署、全面对标对表、突出地方举措、狠抓监督落实、加快复制推广等。近年来，福建在这一系列的举措下取得的生态文明建设成就有目共睹。在 2019 年国务院新闻办举行的中华人民共和国成立 70 周年省(区、市)系列主题新闻发布会上，时任中共福建省委书记、福建省人大常务委员会主任的于伟国指出，福建主要从三大方面促进生态发展：第一，通过体制改革创造新活力；第二，坚持创新以培育新发展动能；第三，巩固绿色发展新优势。

① 郭薇,曾咏发.福建党政一把手共签环保责任状[N].中国环境报,2016-01-11(1).
② 本报评论员.让绿水青山永远成为福建的骄傲[N].福建日报,2021-04-02(1).

2020年11月,中央出台了《国家生态文明试验区改革举措和经验做法推广清单》①,其中包括自然资源资产产权、国土空间开发保护、环境治理体系、生活垃圾分类与治理、水资源水环境综合整治、农村人居环境整治、生态保护与修复、绿色循环低碳发展、绿色金融、生态补偿、生态扶贫、生态司法、生态文明立法与监督、生态文明考核与审计14个方面,涉及第一批生态文明先行示范区进行生态文明建设值得推广的经验做法达90项,其中,福建省的改革经验有39项。

在自然资源资产产权方面,福建的改革经验是建立了产权归属和分类标准并存的自然资源资产统一确权登记制度、"林票"制度、森林资源运营平台、约束与激励并重的土地节约集约利用制度。

在国土空间开发保护方面,福建省推进共商共管共建共享的国家公园管理体制,实行"多规合一"与项目审批模式改革。

在环境治理体系方面,福建省的主要措施有:第一,统筹生态保护专项资金,对23个试点县上一年度环境质量提升进行奖励,积极推动项目资金管理权限下放,赋予试点县统筹安排项目和奖励资金的自主权。第二,建设生态环境大数据(生态云)平台,形成"一张图+N应用"的架构体系;开发实时指挥决策系统,实现线上协调指挥、线下精准施治。第三,推进生态环境监测监察执法垂直管理。第四,设立九龙江流域环境监管和行政执法机构,依法受委托承担流域范围内重大建设项目环境影响评价和监管执法工作。第五,建立解决百姓身边突出生态环境问题的各部门联合攻坚机制。

在生活垃圾分类与治理方面,福建省推进"厦门模式"的生活垃圾分类方式,出台生活垃圾分类管理办法,制定16项配套制度。

在水资源水环境综合整治方面,福建省采取的生态文明建设措施有:第一,推进河湖长制责任落实机制;第二,推进河湖长制+河湖司法协作机制;第三,推进筼筜湖生态治理;第四,五缘湾片区生态修复与综合开发;第五,整合涉水职能统一管理,统筹构建"多水合一,厂网河一体化"的管理模式;第六,推进木兰溪流域综合治理模

---

① 国家发展改革委员会关于印发《国家生态文明试验区改革举措和经验做法推广清单》的通知[EB/OL].(2020-11-29)[2021-06-09].https://www.gov.cn/zhengce/zhengceku/2020-11-29/content_5565697.htm.

式;第七,实行海上环卫机制,将海漂垃圾治理工作纳入党政领导生态环保目标责任书。

在农村人居环境整治方面,福建省采取了农村人居环境物业化管理模式、乡镇农村的生活污水垃圾处理整体打包推进机制和"绿盈乡村"建设模式,进一步改善乡村人居环境,促进乡村发展。

在生态保护与修复方面,福建省采取的措施有:第一,长汀县成立国有专业生态治理公司,实行水土流失治理资金"大专项+任务清单"管理模式,实现项目统一管理、设计、施工;第二,推进重点生态区位商品林管护机制;第三,在闽江河口湿地自然保护区开展河口湿地生态修复;第四,龙岩市大力开展矿山综合整治,最大限度恢复矿区原生态,建设城市运动主题居住公园。

在绿色循环低碳发展方面,福建省连江县推动海洋养殖从近海区域向深远海区域转移,发展立体生态养殖模式。同时引进社会资本打造深远海养殖平台,构建企业、集体、渔民三方有机融合、利益共享的发展机制。

在绿色金融方面,福建省不仅推行了福林贷、建立了林业金融风险综合防控机制,还出台了企业环保信用动态评价实施方案,建立了智能化环保信用动态评价系统,实时对企业客户开展简化高效便捷的环保信用评价,实行信息双向会商。

在生态补偿方面,福建在全省主要流域实施生态补偿机制,并与广东省签订汀江—韩江流域横向补偿协议,实行双向补偿,合力推进流域生态环境综合整治。

在生态扶贫方面,福建省武平县建立林权管理信息系统,实现林业信息的实时更新和查询。同时发展林下经济、生态旅游、林产品精深加工等产业,打造特色农林产品品牌,拓宽贫困群众增收渠道。

在生态司法方面,福建省采取的措施有:第一,实行涉生态刑事、民事、行政案件和非诉行政案件"三加一"审判机制;第二,各级法院在重点林区、景区、矿区、自然保护区、海域等设立巡回生态法庭、办案点、服务站139个,有效解决了偏远山区、海岛群众的司法诉求;第三,采用生态恢复性司法裁判方式,督促被告人履行生态修复义务,形成"破坏—判罚—修复—监督"的完整闭环。

在生态文明立法与监督方面,福建制定了生态文明建设促进条例,明确全省生态文明建设工作。

在生态文明考核与审计方面,福建省出台生态环境保护工作职责规定,每年由省委书记、省长与各地市党政一把手签订年度生态环境保护目标责任书。同时建立自然资源资产离任审计评价指标体系,组建省级大数据分析团队,缩短审计时间,扩大审计覆盖面。

福建省发展和改革委员会党组成员、副主任张福寿指出,福建接下来将继续贯彻中共中央对生态文明建设的新要求,进一步发挥福建省作为国家生态文明先行示范区的作用,争取为我国的生态建设进程添砖加瓦,作出更大贡献。[①] 同时继续产出优质绿色产业和优美自然环境,让群众更理解并支持生态文明建设,为国家生态文明的建设营造良好氛围。

第二节　贵州省建设生态文明试验区的进展与经验

为深入贯彻践行习近平总书记关于"四个一批"国家生态环境文明工程建设重要战略思想,生态环境保护部于 2020 年 11 月 1 日命名并公布表彰了第四批 87 个"绿水青山就是金山银山"国家生态环境文明工程建设项目实施成果示范区,其中就包括贵州省遵义市习水县。近年来,这个县始终坚持以习近平生态文明思想为指导,坚持走"生产发展、生活富裕、生态良好"的绿色发展道路,深入开展"两山红城"示范工程建设以及示范县品牌创造等工作,准确把握"绿洲红城"的基本定位,夯实生态产业持续增长的生态环境基础,打好红色与绿色两张牌,延伸红色旅游、生态旅游产业链,推广酿酒和花椒等特色产业,实现了生态富民,成为"四个一批"和贵州省建设生态文明试验区的典范。

一、贵州建设生态文明试验区的背景

贵州省是长江、珠江上游的重要生态屏障。守住发展和生态两条底线,正确处理发展和生态环境保护的关系,在生态文明建设体制机制改革方面先行先试,把提出的计划扎扎实实落实到行动上,实现发展和生态环境保护协同推进,是党和国家在新时代对贵州发展提出的新要求,也是贵州解决自身问题建成全面小康社会、实

---

① 新华网福建频道.第 202 期:福建省生态文明建设情况和亮点[EB/OL].(2019-05-14)[2021-06-09].http://www.fj.xinhuanet.com/fangtan/201905sfgw/index.htm.

现新的发展的现实需要。在经济社会的现代化进程中,贵州既面临全国普遍存在的结构性生态环境问题,又面临水土流失和石漠化仍较突出、生态环保基础设施严重滞后等特殊问题;既面临加快发展、决战决胜脱贫攻坚的紧迫任务,又面临资源环境约束趋紧、城镇发展和农业生态空间布局亟待优化的严峻挑战,现有生态文明制度体系还不能适应转方式调结构优供给、推动绿色发展的需要。在贵州建设国家生态文明试验区,有利于发挥贵州的生态环境优势和生态文明体制机制创新成果优势,探索一批可复制可推广的生态文明重大制度成果;有利于推进供给侧结构性改革,培育发展绿色经济,形成体现生态环境价值、增加生态产品绿色产品供给的制度体系;有利于解决关系人民群众切身利益的突出资源环境问题,让人民群众共建绿色家园、共享绿色福祉,对于守住发展和生态两条底线,走生态优先、绿色发展之路,实现绿水青山和金山银山有机统一具有重大意义。

1. 贵州生态文明试验区建设的指导思想

贵州生态文明试验区建设以习近平新时代中国特色社会主义思想为指导,坚持人与自然是生命共同体,坚持"两山论"和新发展理念,始终牢记尊重自然、顺应自然、保护自然的生态文明原则,积极贯彻把生态文明建设放在突出地位,融入经济建设、政治建设、文化建设、社会建设的各方面和全过程。认真落实党中央、国务院决策部署,以建设"多彩贵州公园省"为总体目标,以完善绿色制度、筑牢绿色屏障、发展绿色经济、建造绿色家园、培育绿色文化为基本路径,以促进大生态与大扶贫、大数据、大旅游、大开放融合发展为重要支撑,大力构建产权清晰、多元参与、激励约束并重、系统完整的生态文明制度体系,加快形成绿色生态廊道和绿色产业体系,实现百姓富与生态美有机统一,为其他地区生态文明建设提供可借鉴可推广的经验,为建设美丽中国、迈向生态文明新时代作出应有贡献。

2. 贵州生态文明试验区建设的生态条件

与其他省份相比,贵州省的环境生态资源有其特殊性。首先,贵州属于亚热带湿润季风气候,在这种气候下,贵州四季分明,夏季多雨,冬季温和湿润,可以说夏无酷暑,冬无严寒;且年降水量平均在1 000毫升以上,降雨集中于夏季。其次,贵州有着独特的喀斯特地貌,这种地貌千奇百怪、美轮美奂,给当地带来了丰富的旅游资源。最后,贵州的地理条件相对封闭,人口特征为多民族聚居的形式,故而有着独特的民族文化。同时,贵州还具备了复杂的地质环境条件,这使得贵州具有丰富的矿产资源可供研究与合理开发。这些条件意味着贵州拥有强大的发展潜力,这种潜力不仅体现在经济社会发展方面,更体现在生态文明建设方面。在高度重视推进生态文明建设的政策措施下,贵州有可能成就更好的可持续性发展的"贵州梦"。事实上,优良的生态环境使贵州拥有一定的发展优势与竞争优势。在"十三五"期间,贵州的城镇化和生态文明建设已经取得了不错的效果,比如森林覆盖率已经达到60%,主要河流入海断面地区水质达标率已经达到100%,县级以上各类城市环境空气质量优良天数比率在95%以上。

3. 贵州生态文明试验区建设遭遇的主要生态环境问题

贵州省政府以"绿水青山就是金山银山"和新发展理论为指导,积极发挥山清水秀的生态优势,并采取了一系列生态文明建设的扶持政策。但是,生态文明建设中却遭遇了一些突出的生态环境问题。

首先是工业污染的问题。在贵州工业强省的战略下,工业相关的企业越来越多,这势必会产生巨量的工业污水和工业垃圾等污染物。而且贵州省内有些企业以利益为最大追求,很少考虑排放的废物是否合格,有些工业垃圾不处理就直接排放,这就导致了非常严重的水污染与空气污染问题。工业污染是个普遍且尖锐的问题,在全国的各个地方都存在,应该格外加强政府监管。

其次是水土流失的问题。贵州为了保持经济的稳定和发展,一方面大规模开荒或者毁林,使得水土流失情况不断恶化。另一方面退耕还林效果不明显,使得土地沙漠化的危害日益扩大。道路建设、城市规划扩大、新兴房地产项目等也会影响到植被覆盖率,导致水土流失。

最后是城市环境污染问题。贵州由于经济发展较快,城市扩张迅速,外来人员大量增加,引发了一些现代城市才有的生态环境问题。例如,城市生活垃圾增加,垃圾不分类,污水直接排向河流等。城市污染加剧并上升为生态文明建设亟待解决的主要问题之一。

二、贵州省建设生态文明试验区的实践与进展

贵州地处长江、珠江上游,生态环境脆弱,修复难度大,石漠化面积、水土流失面积分别占该省面积的 17.2% 和 31.4%。近年来,贵州坚守发展、生态底线,推进生态文明与经济社会融合发展,实现了经济发展与环境保护的互利共赢。2013年,贵州省在保持经济增速居于全国前列的同时,生态环境质量总体良好,并呈略有改善趋势,城市污水、生活垃圾无害化处理率分别提高到84.8%和59.4%,单位生产总值能耗下降3.1%,森林覆盖率提升至48%。2014年6月,国家六部委联合批复《贵州省生态文明先行示范区建设实施方案》,贵州成为第一批全境列入生态文明先行示范区建设的省份。2016年中共中央和国务院批准将贵州确定为国家生态文明试验区,这使贵州站在了生态文明建设的新起点上,开启了贵州生态文明建设的新篇章。

1. 贵州省建设生态文明试验区的实践

第一,树立绿色发展理念,坚持绿色发展思想。近年来,习近平总书记多次提出"绿水青山就是金山银山"的观点,贵州以习近平新时代绿色发展思想为指导,深化生态建设制度改革,推动全省上下共同营造和谐生态建设的浓厚文化氛围,鼓励人民群众积极主动参与生态文明建设实践。贵州推动全省形成共谋、共建、共管与共享的社会主义国家生态文明城市建设新局面。此外,贵州强调只有首先树立并发扬绿色发展理念,才能充分在人民群众心中提升生态文明建设的地位,引导人们共同谱写生态文明城市建设的新篇章,建设一个绿色生态家园,筑牢一道绿色生态屏障,培育一批绿色产业文化,创建安全绿色的规章制度,使得环保绿色和健康生态的发展红利更好地传播惠及广大人民。

第二,科学调整产业结构,因地制宜发展绿色经济。推进传统产业生态化、绿色生态产业化、特色产业规模化、新兴产业高端化。① 从贵州的自然生态中挖掘经济财富增长点,大力发展当地特色产业,将本土特色与国家政策相结合,探索具有贵州特色的绿色经济发展途径,构建竞争力较强的特色生态型现代产业体系,切实惠及人民群众,为百姓生活谋福祉。

第三,建立健全绿色发展制度,做好顶层设计。绿色发展,意味着可持续健康发展,绿色生态环境建设是新常态下我国经济社会持续发展的根本基础和发展底色,要同青山绿水和谐相伴,坚持生态环境保护的优先地位。2016年,全省16个

161

① 韩卉.习近平生态文明思想的贵州实践研究[J].贵州社会科学,2020(11):45.

地区和县都被新规划为国家重点的生态功能区,从 2017 年起,在全省各地区范围内全面实施省、市、县、乡、镇五级"河长制",由各级党委、人民政府主要组织领导。按照差别化评估和考核的要求,把对环境的破坏率等作为考核领导班子成员的一项重要指标,制定并贯彻执行《关于实现生态文明建设总体目标的评估考核办法》。①

2. 贵州省建设生态文明试验区的进展

贵州省自获批国家生态文明建设试验区以来,深入贯彻落实习近平生态文明建设的重要思想,为全面推动绿色发展不懈努力,在生态文明建设和生态环境保护工作中取得了显著成效。

一方面,贵州省的生态环境明显改善,人民生活质量显著提高。2019 年,贵州省森林覆盖率已达到 58.5%。十二五期间,贵州全省 9 个中心城市环境空气质量优良天数占比高达 95.8%,88 个县(市、区)的空气质量达到国家二级质量标准,优良天数占比为 99.7%,9 个中心城市集中式饮用水源达标率持续保持在 100%。②通过数据我们可以看出,贵州省近年来的生态环境得到了很大改善,绿色家园建设正在不断推进。空气质量与水质等与人们日常生活息息相关,贵州省近几年的生态建设工作在居民日常生活环境的改善方面发挥了巨大的作用。

另一方面,经济绿色发展得到稳步推进。近年来,贵州省积极培育并发展资源节约型、环境友好型产业,大力促进经济结构优化升级,深入开展森林生态效益补偿等十大生态扶贫工程,全面完成 188 万人易地扶贫搬迁任务,从根本上改变了地方贫困群众的命运。大力发展生态产业扶贫,实现农民经济收入大幅增长、生活水平大幅提高。同时,大力发展旅游业,打造城市品牌文化,利用特色山地风光形成新的收入增长点。2013—2018 年,33 个县脱贫摘帽,贫困发生率从 26.8% 下降到 4.3%。③ 俗话说,"一方水土养一方人",贵州生态文明建设的实践也促进了贵州人民收入增长、生活水平改善。

---

① 吴大旬.国家生态文明试验区建设述论——以贵州省为例[J].江西农业,2018(18):122-123.
② 贵州生态环境质量持续提升 中心城市饮用水质达标率 100%[EB/OL].(2020-06-03)[2021-06-09]. http://www.chinanews.com/sh/2020/06-03/9202299.shtml.
③ 贵州奋力书写脱贫攻坚壮丽答卷[N].人民日报,2019-08-10(7).

三、贵州省建设生态文明试验区的经验

近年来,贵州省的生态文明建设取得了很大成就,主要得益于它在生态文明体制改革中的四个重要举措:第一,完善生态文明体制机制;第二,利用生态产业优化产业结构;第三,提高生态文化建设以培育生态教育机制;第四,促进对外开放以加强交流合作。①

2020 年 11 月,中央出台了《国家生态文明试验区改革举措和经验做法推广清单》②,在第一批生态文明试验区改革举措和经验做法 90 项推广清单中,贵州省的改革举措和经验做法总计 30 项,分为 14 个方面。

在自然资源资产产权方面,贵州省将各类自然资源资产统一确立产权归属并进行登记,实现一张图登记不动产、自然资源。

在国土空间开发保护方面,贵州铜仁市对梵净山世界自然遗产地及其缓冲区保护管理实行"多规合一",制定梵净山保护条例和锦江流域保护条例,建立区域执法协作机制。按照"保护区内做减法、区外做加法"的原则,对世界自然遗产范围内所有建设、生产、经营等活动进行严格管控,在世界自然遗产范围外着力打造精品旅游线路和旅游产品。依托生态优势大力培育生态产业,发展食用菌、中华蜜蜂、冷水鱼养殖等产业,切实保障当地群众利益。

在环境治理体系方面,贵州省主要实行三个措施:一是按照"三库一中心＋多业务系统"的总体架构,建设环境质量、污染源、生态环境空间地理信息三个生态环境大数据平台,初步建成生态环境管理业务系统,联通省市两级生态环境数据,形成生态环境大数据闭环监管;二是实行自然生态的垂直监管机制;三是在乌江流域、清水江流域和南北盘江流域及相关区域整合设置 3 个流域环境监管局,统筹实施跨区域、跨流域生态环境管理工作。

在生活垃圾分类与治理方面,贵州实行农村生活垃圾积分兑换回收政策。以村为单位成立"垃圾兑换超市/银行",制定垃圾兑换积分、积分换取商品实施细则,引

---

① 包思勤,曲莉春,张莉莉. 贵州省生态文明建设的经验及启示[J]. 北方经济,2016(10):66-69.
② 国家发展改革委员会关于印发《国家生态文明试验区改革举措和经验做法推广清单》的通知[EB/OL]. (2020-11-29)[2021-06-09]. http://www.gov.cn/zhengce/zhengceku/2020-11/29/content_5565697.htm.

导和鼓励村民主动开展垃圾分类。

在水资源水环境综合整治方面,贵州实行河湖长制责任落实机制,省市县乡四级党委、人民政府主要负责同志共同担任总河长,分级分段(片)设立河长湖长。实行河湖长制十河湖司法协作机制,设立省市县三级法院、检察院驻河长办联络室,对接河长办开展联合监督、联动执法,将涉水行政执法信息与"两法衔接"平台对接,建立案件信息查询共享通道,加强水行政执法与司法衔接,严厉打击涉河湖违法犯罪行为。

在生态维护和整治方面,贵州省实行矿山集中"治秃"和城市生态修复功能修补。在着力补齐短板的基础上,提高城市宜居魅力和对外地游客的吸引力,提升市民满意度和幸福感。

在绿色金融方面,贵州实行绿色资产证券化,将企业投资建设的云谷分布式多能互补能源中心独立产生的持续稳定可预测现金流作为基础资产,与企业的负债相隔离,提前变现融资,作为建设后续分布式能源中心资金。根据每个能源中心的现金流测算结果设计融资期限,从而实现"滚动融资、滚动开发"。

在生态补偿方面,贵州、云南、四川三省人民政府联合签订赤水河流域横向生态补偿协议,建立跨省流域生态协商补偿机制。同时在黔中水利枢纽工程上下游流域政府之间建立以财政转移支付为主要方式的横向补偿机制。

在生态扶贫方面,贵州省一方面利用河湖水资源、电力资源和矿物资源的发展收益对当地贫困户进行帮扶;另一方面为助力解决生态护林员因灾因病致贫返贫问题,引导保险机构开发设计生态护林员意外伤害保险,有针对性地为建档立卡贫困户生态护林员提供保险服务。贵州还创新了单株碳汇精准扶贫机制,对全省建档立卡贫困户拥有的树木按照树种、大小和碳汇功能进行筛选,入选林木按统一价格出售,资金直接进入对应贫困户账户,以实现精准扶贫。

在生态司法方面,贵州省创立并完善了若干生态文明体制机制:一是结合两域进行环境审判政策;二是长江上游环境资源审判协作机制;三是对生态环境损害行为制定详细的磋商、调解与惩戒机制;四是生态恢复性司法机制;五是成立生态环境保护人民调解委员会;六是组建生态文明律师服务团,担任政府生态环境部门的法律顾问。

在生态文明立法与监督方面,一方面制定省级生态文明建设促进条例,并实行省级政府向省人大进行生态建设状况的汇报制度,另一方面贵州省人民代表大会环境与资源委员会牵头开展"贵州环保行"活动,省市县三级人大常委会上下联动,每年围绕一个群众关心的环境问题,以"检查采访—反馈—整改—跟踪回访—再反馈—再整改"的模式开展监督。

在生态文明考核与审计方面,贵州省人民政府每年与各市州人民政府、相关省直部门和中央在黔单位签订污染防治攻坚目标责任书。建立自然资源资产离任审计评价指标体系,通过组建省级大数据分析团队,统一分析数据、查找疑点,将分析结果推送至各现场审计组,缩短审计时间,扩大审计覆盖面。

贵州省在生态文明建设上下了大功夫,生态文明也让贵州实现了大发展。未来,贵州生态文明建设仍将不断推进。

第三节 江西省建设生态文明试验区的进展与经验

江西省一直凭借优越的地理环境为人们熟知,青山妩媚多姿,鄱阳湖烟波浩渺,水源充沛,矿藏丰富。江西是我国的农业大省,对自然生态有较强的依赖性。2016年,江西省被列为我国首批国家生态文明试验区之一,在全国率先开展生态文明体制改革。

近年来,全省上下将推进生态文明工程建设放在了优先位置,深入落实绿色发展理念。2019年,习近平总书记亲自赴江西进行视察,其间多次称赞江西的自然环境和生态文明,称江西的生态环境和资源质量一直在国内保持着领先地位。习近平总书记充分肯定了赣南脐橙特色产业扶贫模式和靖安地区生态文明工程建设的实践,国务院通报表扬了萍乡"海绵城市"建设、景德镇"城市双修"、上饶横峰农村环境综合整治的实践经验,江西国土空间计划、生态环境监督、农村"宅改"、绿色金融体制改革等均走在全国前列。① 江西全省的生态文明建设已卓有成效,为全国的生态环境保护课题积累了宝贵的江西经验。

一、江西省生态文明试验区建设的思想理念

江西省依山傍水,具有天然的地理优势,良好的生态环境是江西的亮丽名片。

---

① 刘兵.抓好生态制度建设 打造美丽中国"江西样板"[J].当代江西,2020(2):43.

自然馈赠给赣鄱人民肥厚的土地和不绝的水源,人们在此地安居耕种,与碧水青山繁荣共生。习近平总书记曾多次赞美江西优美的生态环境,提出了绿色可持续发展的要求,赋予了江西人民在打造金山银山的同时最大限度地守护绿水青山的使命。要完成这一重大历史任务,就必须高度重视生态文明建设,在习近平新时代思想指导下形成完备的具有江西特色的生态建设方针理论,为后续的具体实践指引方向。

2015年3月,习近平总书记在十二届全国人大三次会议上引用了名言佳句赞美江西美景,提出了"环境就是民生,青山就是美丽,蓝天也是幸福"的观点,要求江西必须走出一条经济社会发展和生态建设水平提升相辅相成、互利共赢的新道路。

2016年2月,习近平总书记视察江西时再一次赞美了江西的青山绿水,他指出,江西具有绝佳的生态风光,庐山壮丽秀美,鄱阳湖水源丰沛。他不止一次地强调,绿色生态是江西的最大财富、最大优势、最大品牌,一定要维护好,做好治山理水、显山露水的文章,打造美丽中国的"江西样板"。

2016年8月,江西省被批准成为国家生态文明试验区之一,承担起为生态文明建设探索全新道路的历史使命。2017年6月,中央深改组第三十六次会议审议通过《国家生态文明试验区(江西)实施方案》,提出了江西生态文明六大体系建设任务:构建山水林田湖系统保护与综合治理制度体系、严格的环境保护与监管体系、促进绿色产业发展的制度体系、环境治理和生态保护市场体系、绿色共治共享制度体系、全过程的生态文明绩效考核和责任追究制度体系,加大力度构建具有江西特色的、系统完整的生态文明制度体系。习近平总书记在会议上强调,要脚踏实地、细心落实各项实施方案,给予重点难点问题重点关注,深入推进体制机制不断创新,寻找完善生态文明体系的良方,并在实践过程中不断积累宝贵经验。

江西省第十四次党代会确立了"深入贯彻新发展理念,大力弘扬井冈山精神,决胜全面建成小康社会,建设富裕美丽幸福江西"的奋斗目标,并且多次强调"美丽"的重要地位,"美丽"、"富裕"和"幸福"成为三大努力方向与奋斗目标,力求将江西省建设成为生态美丽、经济富裕、人民幸福的省份。会议上指出要不断加强生态环境保护,走绿色经济发展路线,持续提高资源利用,形成一系列便于推广的生态文明建设制度成果,使江西省成为全国生态文明建设的排头兵。随后省委提出了"创新引领、绿色崛起、担当实干、兴赣富民"的工作方针,作出了"当前及今后一个时期是江西省绿色发展的关键时期,绿色崛起进入了由量变到质变的新阶段"的重要论断,从提升绿色发展优势、促进生态优势转化、强化生态文明保障等方面进行了全面的阐释,提升了对江西绿色崛起的认识。①

总之,党和国家不仅充分肯定了江西省的生态环境质量,并且在这些年间愈发重视江西省生态文明建设的奋斗实践,通过指示、讲话和会议精神逐步确立了江西生态文明建设的思想理念、发展目标和具体工作方针,为发挥江西生态文明建设工作在全国范围内的模范带头作用奠定了重要的思想基础。

二、江西省建设生态文明试验区的实践与进展

在习近平生态文明思想指导下,江西不断深化生态文明建设制度改革,加快转变发展方式、加强绿色可持续发展、深入调整产业结构,采取了一系列行之有效的治理手段,力求高效率、高质量地完成国家生态文明试验区建设的阶段性任务,争取早日实现绿色崛起。

江西省建设生态文明先行示范区的实践工作重点可以分为以下四个方面。

第一,不断深化体制创新。进一步深化生态文明体制改革,在改革创新、制度落实和协调等方面花大力气,深入推进生态文明领域治理体系和治理能力现代化。要加快建立在源头严格治理的管控体系,全方位实施主体功能区规划,统筹划定"三区三线",建立"四级三类"国土空间规划体系,构建全省国土空间规划"一张图"。整合并对各类自然生态保护地进行科学优化,加速构建自然保护地体系。划定永久基本农田 3 693 万亩,建立永久基本农田储备区制度,全面实行重点生态功能区产业准入负面清单。要进一步完善实践过程严格管控的监督体系。在全国率先出台全省综合管理的暂行办法,完善以五级河长制、湖长制、林长制为核心的全要素、全领域监管体系。要完善严格的责任体系,进一步加大生态文明建设在发展考评中的比重,不断引起重视,全方位推行生态环境损害赔偿和责任追究制度。全省上下更加重视江西的生态文明建设与可持续绿色发展,全年共查办有关破坏生态环境资源的犯罪案件 4 724 件,其中提起公诉的有 1 541 件,足以体现严明的责任追究体系正逐

---

① 王一凡.江西推进生态文明试验区建设:不负绿水青山方得金山银山[N].江西日报,2017-07-19(A1).

步建成和完善。

第二,打好污染防治的攻坚战。重点做好长江经济带的污染防治和生态保护工作,拆除非法码头,关停违规化工企业,长江干流江西段所有水质皆达到Ⅱ类标准。长江经济带披露的29项问题基本实现了全面整改,国家肯定并推广了江西省长江大保护工作机制、与三峡集团的央地合作模式。要集中人力物力率先解决重点领域的污染治理,保卫好我们头顶的蓝天,做好空气质量监测和管控。坚持因地施政,根据不同的企业和城镇区域制定不同的治理对策,具体问题具体分析,有针对性地解决各区域的污染防治问题。深入开展对烟尘、有害气体的治理,保持全省空气质量位列中部省份第一。守护水资源不受污染,不断提高城镇污水处理能力,开展水源保护和排污治理,同时加强"清磷"整治,监督全省百余座污水处理厂按规定进行改造,确保城市饮用水水源地水质全部达标。针对土地环境治理保护,建成垃圾焚烧处理设施共29座,日处理2.6万吨垃圾;危险废弃物年处置能力可达到48.5万吨;在全省范围内实行新版"限塑令"。要做好污染防治工作就得注意到方方面面的细节,从空气到水源、从森林到土地,每一处细节都要考虑到,每一处的污染都不能放过。

第三,践行生态保护与经济协同发展的绿色发展理念。要将习近平总书记的新时代生态文明建设思想贯彻始终,持续推进全省经济的绿色转型,深入贯彻落实"绿水青山就是金山银山"的新发展理念。推动全省绿色金融改革,中央推行了江西绿色市政专项债、"畜禽洁养贷"等十余项改革措施。赣州、吉安普惠金融改革试验区成功获得批准,开展"两山银行""湿地银行"的制度试点。要不断加快推进生态产业化,继续推进有机农产品示范区建设,实施农业结构调整工程,不断减少农药化肥的使用量。大力发展中医药、大健康等产业,中国(南昌)中医药科创城、上饶国家中医药旅游示范区、宜春"生态+"大健康试点加快推进,全省林业经济总产值达5 112亿元,旅游接待总人次、总收入分别为5.5亿人次、5 400亿元。[①] 在建设绿色生态环境的过程中增加人民收入,实现在绿水青山中为人民群众创造财富的美好愿望,走全面协调可持续发展之路。

———————

① 张和平.关于国家生态文明试验区(江西)建设情况的报告[N].江西日报,2021-03-16(6).

第四,切实为人民群众谋生态福祉。加强生态环境保护,最终是为了给人民群众带来利益,因此要不断优化生态产品供给,使人民群众在共建生态的过程中能切实得到利益,提高老百姓生活的幸福感,这样才能调动广大人民群众参与生态文明建设的积极性。要重点做好生态扶贫工作,使得生态建设工作切实惠及贫困人口,增加就业。江西选聘了生态护林员 2.38 万人,带动 7 万人口实现脱贫,上犹、遂川、乐安、莲花等生态扶贫试验区摘除了贫困地区的帽子。要重视生态文明建设宣传,积极开展节约型机关、绿色家庭、绿色学校等创建行动,持续开展"河小青"志愿活动。新增国家"两山"实践创新基地 1 个、国家生态文明建设示范市县 5 个,总数均居全国前列。[①] 不断拉近生态环境保护与人们群众生活水平提高的距离,鼓励人民群众加入生态建设的队伍,坚持生态领域内的群众路线,这样才能最大限度地提高生态文明建设效率。

近年来,全省上下为打造美丽中国的"江西样板"不懈努力,截至 2020 年底,已收获了诸多显著成果,完成了国家生态文明试验区建设阶段性任务。

改善生态环境最终是为了造福人民群众,所以与百姓生活息息相关的环境问题需要最先得到关注和解决。空气质量、水质、绿化等问题就是需要时刻关注的生态重点。而经过不懈努力,江西全省的森林覆盖率达 63.1%,城市建成区绿地率达全国第二,率先实现国家森林城市、国家园林城市设区市全覆盖,空气优良天数比例达 94.7%,$PM_{2.5}$ 平均浓度为 30 微克每立方米,长江干流江西段所有水质断面达到 II 类标准,全省地表水监测断面水质全部达到 IV 类及以上。探索出了一条江西的绿色发展新路径,着力实现绿水青山向金山银山的转化,不断推动生态要素向生产要素、生态财富向物质财富转变。五年来,全省主要经济指标增速保持在全国前列,GDP 总量由全国第 18 位提升至第 15 位,战略性新兴产业、高新技术产业增加值占规模以上工业比重分别达 22.1%、38.2%,数字经济增加值占 GDP 比重达 30%。[②] 在生态文明建设的实践过程中积累了一系列绿色改革经验,为全国范围的生态环境保护问题提供了宝贵的江西方案,高效率且高质量地完成了试验区重点改革任务,诸

① 张和平. 关于国家生态文明试验区(江西)建设情况的报告[N]. 江西日报,2021-03-16(6).
② 殷美根. 加快推动经济社会发展全面绿色转型 奋力打造美丽中国"江西样板"[N]. 江西日报,2021-06-01(2).

多成果得到国家的采纳与推广。

三、江西省建设生态文明试验区的经验

不论在哪个时代，我们都要铭记自然的恩惠，把握住原有的青山绿水，实现与自然和谐共生、共同发展，江西在多年来的生态文明建设实践中取得了丰硕的果实，也在逐步实现绿色崛起的过程中积累了许多宝贵的经验。

第一，要牢固树立山水林田湖草生命共同体理念。我们要像爱护自己的眼睛一样爱护自然环境，更加重视保护自然生态，加快实现农业发展现代化。经过管控和治理，江西省内的各项生态指标虽然已有了长足的进步，但经济发展与生态保护的矛盾仍然没有完全破解。鄱阳湖是江西人民的宝贵财富，但水质保护压力依然很大。因此，江西必须更加重视生态文明建设，更加积极主动地探索富有针对性、实用性的高质量绿色发展新路径，只有这样，才能够真正实现经济和生态保护的双重发展。

第二，要不断推动产业发展与生态建设相辅相成。在践行习近平总书记"绿水青山就是金山银山"的生态文明思想过程中，江西省注重生态资源向生态产品的转化，挖掘生态资源的经济价值，使人民群众从中获得切实的利益，提升人民群众的参与感和获得感。与其他中部省份相比，江西在空气质量、水质、森林覆盖率等方面都占有较大优势，但同时也面临经济体量不大、产业结构不合理、关键领域创新能力偏弱等现实问题。江西有一些经济比较落后的地区，近几年紧紧围绕乡村振兴和脱贫攻坚两大主题，充分利用当地生态资源，走上了生态脱贫的路子。现阶段，江西应立足于绿色要素禀赋优势，把生态环境优势转换为经济发展优势，加快实现绿水青山向金山银山的转化，不断提高人民群众的生活水平，提升人民生活幸福感。

第三，要建立健全体制机制保障。数年来的实践证明，要想破解生态文明建设中的重重难题，首先要在生态文明建设制度改革的各个方面坚持党的领导，同时更加重视生态环境体制机制的改革。只有充分发挥我党的政治优势、组织优势、制度优势，才能深入落实生态环境保护机制的改革举措，才能确保生态文明建设系统、协调、全面推进。江西根据本省的实际情况，结合党中央关于推进生态文明制度改革的要求，纵深推动全省国家重点生态文明试验区的建设，不断深入国家生态文明试验区建设的实践，基本形成了"源头严防、过程严管、后果严惩"的生态文明"四梁八

柱"制度框架,为生态文明建设的顺利开展提供了有力的制度保障。

第四,要健全环境治理与生态保护市场体系。经过一大批人的长期努力,目前江西在环境污染治理方面市场化速度明显提高,但综合服务能力偏低,恶性竞争事件频发,加之执法监管工作不到位、政策机制不健全、市场行为不规范等各种原因,影响了市场功能的充分发挥,巨大的社会经济市场潜力也没有在实践中得到有效释放。所以,江西应当坚持政府引导、市场运作,充分发挥"有效市场"和"有为政府"的作用。充分发挥市场在资源配置中的决定性作用,积极运用经济杠杆构建环境治理和生态保护的长效机制。大力培育环境治理和生态保护市场主体,建立与三峡集团等合作开展长江大保护的新机制。通过加强政府引导,实现更加良性有序的市场竞争,同时更大限度发挥市场的潜力。

第五,加强跨省市区域合作。增加区域间的联动协作,不应局限于某一个区域,而应进一步打开格局,坚持协调和共享的新发展理念,加强与相邻省区、省内各市县在生态环境共治、交通互联互通、旅游资源合作、产业联动协作、公共服务共享等领域的合作,共建生态文明新格局。2000年5月,江西出台了《江西省省内流域上下游横向生态保护补偿定额奖补实施办法》,促进流域上下游联动共管、联防共治,对打赢污染防治攻坚战和长江保护修复攻坚战具有重大意义。①

总之,生态文明建设是一个需要全体人民长期投入劳动与智慧的事业,尽管在习近平绿水青山理念和生态文明建设思想指导下,江西省绿色崛起行动已取得可观的收获,但仍有许多问题亟待解决,生态文明试验区建设还有许多地方需要完善。为更好打造美丽中国的"江西样板",谱写美丽中国的江西篇章,早日实现江西的绿色崛起,江西省仍需上下一心、不断努力。

第四节　海南省建设生态文明试验区的进展和经验

为贯彻落实党中央、国务院关于生态文明建设的总体部署,进一步发挥海南省生态优势,深入开展生态文明体制改革综合试验,建设国家生态文明试验区,根据

---

① 赖熹姬,张乔娜.江西生态文明建设的实践与启示[J].中共南昌市委党校学报,2020,18(4):57-60.

《中共中央、国务院关于支持海南全面深化改革开放的指导意见》和中央办公厅、国务院办公厅印发的《关于设立统一规范的国家生态文明试验区的意见》,2019 年 5 月,中共中央办公厅、国务院办公厅印发了《国家生态文明试验区(海南)实施方案》①。这意味着海南在习近平新时代中国特色社会主义思想的指导下,将开启全面贯彻习近平生态文明思想,统筹推进"五位一体"总体布局和协调推进"四个全面"战略布局的海南生态文明建设新征程。

一、海南生态文明试验区的设立

海南位于中国版图的最南端,以其旖旎的热带、亚热带自然海滨风光,悠久独特的历史文化和浓郁多彩的民族风情驰名海外。空气质量一流,自然资源丰富,是天赐的宝岛。不过,在担当改革开放试验田和排头兵的过程中,海南能否发挥资源环境优势,解决经济总量小,城市化、工业化和当地居民收入水平相对较低等问题,成为摆在海南面前的首要难题。

1. 海南"生态立省"战略的确立

海南省虽然拥有良好的自然生态环境,但由于其并没有完全具备其他沿海地区各种发展模式的社会经济条件和文化背景,因而难以进一步走上沿海地区传统的发展之路。即使海南省具备社会经济、文化背景等条件,海南省的自然环境对于传统发展模式,即"先污染,后治理"模式所带来的伤害和污染也难以招架。在充分认识到海南省生态优势的基础上,1996 年初,海南省委、省政府提出"建设新兴工业省、热带高效农业基地、热带海岛休闲度假旅游胜地"的"一省两地"产业战略;1999 年 7 月,海南省二届人大常委会在全国率先通过《海南生态省建设规划纲要》②,提出"生态省建设的总体目标是:用 30 年左右的时间,建立起发达的生态经济,形成布局合理、生态景观和谐优美的人居环境,使经济综合竞争力进入全国先进行列,环境质量保持全国领先水平"。"一省两地"产业发展战略和生态省战略的确立,构成了海南经济社会发展战略的总框架。《海南生态省建设规划纲要》的出台,是与 20 世纪 90 年代我们党提出的可持续发展与环境保护、经济发展要实现"两个根本性转变"的要

---

① 中国政府网. 中共中央办公厅 国务院办公厅印发《国家生态文明试验区(海南)实施方案》[EB/OL]. (2019-05-12)[2021-06-01]. http://www.gov.cn/zhengce/2019-05/12/content_5390904.htm.

② 王明初,陈为毅.海南生态立省的理论与实践[J].红旗文稿,2007(14):28-30.

求是相一致的。十六大以后,以胡锦涛为总书记的中央领导集体全面系统地阐明了"以人为本,全面、协调、可持续发展的科学发展观",海南生态省建设有了更为明确的指导思想。2004年,为全面贯彻科学发展观,海南省委、省政府决定对《海南生态省建设规划纲要》进行修编。2005年5月,海南省三届人大常委会第十七次会议通过《海南省人民代表大会常务委员会关于批准〈海南生态省建设规划纲要(2005年修编)〉的决定》。2007年4月海南省第五次党代会,时任中共海南省委书记卫留成同志在会中提出,海南省的工作总体要求是:高举邓小平理论和"三个代表"重要思想伟大旗帜,全面落实科学发展观,坚持生态立省、开放强省、产业富省、实干兴省十六字指导方针。①

生态立省既是新时代的选择,也是海南人民的选择。海南人民已经意识到,生态建设是海南经济社会发展的一项重要核心竞争力,抢占了这一战略的制高点,就为海南赢得了实现科学发展、和谐繁荣发展的历史性先机。

2. 从"生态省"转变为国家生态文明试验区

2012年修编后的《海南生态省建设规划纲要》表明,海南"生态立省"经历了三个重要的发展阶段:1999—2005年为起步阶段。这一阶段的主要目标之一就是通过多种多样、人民群众喜闻乐见的形式宣传教育实践活动,在全社会形成建设生态省的生态意识;集中海南全省力量解决荒野开垦、毁林养殖、毁林挖矿等严重破坏当地自然资源和环境条件的问题;推动生态农业、生态旅游业及工人清洁生产等重点项目的建设,建成一批重点示范地区和项目,为生态省建设奠定良好基础。

2006—2015年为全面建设阶段。主要目标包括:全面深入地推进生态环境的保护和规划建设、生态经济社会发展、生态人居建设和促进生态品质的改善、生态文化建设四个领域的32项行动性重点工作;建立安全生产管理体系、环境质量的保障制度、资源的可持续利用体系、生态经济制度、人居生态制度体系、生态文化制度体系、能动性保障制度等八大基本制度,确保了生态省建设的全面推进。

2016—2019年是从"生态立省"转向国家生态文明试验区的阶段。2018年4月11—13日,习近平总书记在海南考察时强调,青山绿水、碧海蓝天是海南最大的优

① 卫留成.中国共产党海南省第五次代表大会报告[N].海南日报,2007-05-08.

势和本钱,是一笔既买不来也借不到的宝贵财富,破坏了就很难恢复。要把保护生态环境作为海南发展的根本立足点,牢固树立绿水青山就是金山银山的理念,像对待生命一样对待这一片海上绿洲和这一汪湛蓝海水,努力在建设社会主义生态文明方面做出更大成绩。在庆祝海南建省办经济特区 30 周年大会上,习近平总书记发表重要讲话,要求海南牢固树立和全面践行绿水青山就是金山银山的理念,在生态文明体制改革上先行一步,为全国生态文明建设作出表率。2018 年中央 12 号文件将加快生态文明体制改革单独提出,国家生态文明试验区也成为海南"三区一中心"战略定位之一,要求为推进全国生态文明建设探索新经验。2018 年 12 月,海南省委经济工作会议强调要把保护好生态环境作为建设自由贸易试验区和中国特色自由贸易港的基础保障和特色优势,严格落实源头把关责任,打好污染防治攻坚战,补齐环保基础设施短板,形成绿色生产生活方式。

习近平总书记"4·13"重要讲话和关于海南生态环境保护工作的重要指示批示精神,使海南加快了完善生态环境保护体制机制,加速从"生态立省"向国家生态文明试验区建设转变的步伐。2019 年,根据《中共中央、国务院关于支持海南全面深化改革开放的指导意见》和中央办公厅、国务院办公厅印发的《关于设立统一规范的国家生态文明试验区的意见》,海南省确立为国家生态文明试验区。

2019 年 1 月 23 日,中共中央总书记、国家主席、中央军委主席、中央全面深化改革委员会主任习近平主持召开的中央全面深化改革委员会第六次会议审议通过了《国家生态文明试验区(海南)实施方案》,该方案要求海南省为推进全国生态文明建设探索新经验。根据该方案确立的目标,到 2035 年海南生态环境质量和资源利用效率须居于世界领先水平。2019 年 5 月中共中央办公厅、国务院办公厅印发了《国家生态文明试验区(海南)实施方案》,要求海南以习近平新时代中国特色社会主义思想为指导,深入贯彻党的十九大和十九届二中、三中全会精神,全面贯彻习近平生态文明思想,紧紧围绕统筹推进"五位一体"总体布局和协调推进"四个全面"战略布局,按照党中央、国务院决策部署,坚持新发展理念,坚持改革创新、先行先试,坚持循序渐进、分类施策,以生态环境质量和资源利用效率居于世界领先水平为目标,着力在构建生态文明制度体系、优化国土空间布局、统筹陆海保护发展、提升生态环境质量和资源利用效率、实现生态产品价值、推行生态优先的投资消费模式、推动形成绿色生产生活方式等方面进行探索,坚定不移地走生产发展、生活富裕、生态良好的文明发展道路,推动形成人与自然和谐共生的现代化建设新格局,谱写美丽中国海南篇章。

二、海南省建设生态文明试验区的实践与进展

海南确立为生态文明试验区后,按照《国家生态文明试验区(海南)实施方案》系统推进。2019 年 11 月,海南省委七届七次全会审议通过《中共海南省委关于提升治理体系和治理能力现代化水平 加快推进海南自由贸易港建设的决定》,要求紧扣坚持和完善生态文明制度体系,加快建设国家生态文明试验区。坚定践行绿水青山就是金山银山的理念,以最严格的制度和措施确保生态环境只能更好、不能变差。

2020 年 6 月,习近平总书记对海南自由贸易港生态环保工作作出重要批示。海南省第一时间召开省委常委会(扩大)会议,会议要求把优良生态环境作为建设自由贸易港的重要前提,在生态环保上不能掉以轻心。

在试验区建设的进程中,海南省委、省政府持续推动了一批标志性工程的落地。例如,划定国家公园区域、启动生态搬迁试点、建设国家公园展览馆、调查生态物种资源、揭牌成立国家公园管理局、正式印发总体规划、制定管理条例、实施生态搬迁等;制定修订多份生态文明细分领域的地方性法规;坚决打赢污染防治攻坚战;全面推行河长制湖长制工作,推动湾长制落地,部署开展林长制等工作……

生态文明建设创新实践不断涌现。例如,构建了高效统一的规划管理体系:率先实施并持续深化省域"多规合一"改革;大力推进"三线一单"改革,构建生态环境分区管控体系。全省共划定环境管控单元 871 个,实施"三线一单"生态环境分区管控;4 个地级市推行生活垃圾强制分类、推动农村"气代柴薪"等系列举措,逐一落地实施;划定的陆域生态保护红线面积占陆域面积的 27.4%,近岸海域生态保护红线面积占近岸海域面积的 35.1%。①

连续举办世界新能源汽车大会,在全国率先全域推广清洁能源汽车。2019 年 3月,发布《海南省清洁能源汽车发展规划》,使海南成为全国率先提出"2030 年全面

---

① 吴承坤,白雪.可复制可推广成果在生态文明试验区"开花结果"[N/OL].中国经济导报,2021-07-20[2021-07-21]. http://www.ceh.com.cn/epaper/uniflows/html/2021/07/20/03/03_46.htm.

禁售燃油汽车"的省份。2020 年,海南新能源汽车保有量 6.4 万辆,占比达 4.2%、高出全国平均水平约 2.4 个百分点,车桩比为 2.8:1。

加快推进清洁能源岛建设,清洁能源装机比重目前达 67%;加快装配式建筑推广的步伐,让建造房子向"制造"房子转变。目前,全省已有 14 家装配式建筑生产厂家投产;其中混凝土预制构件(PC)生产基地 8 家,年产能约 74 万立方米;钢构件生产基地 6 家,年产能约 31 万吨。另外还有 6 家在建,4 家拟建。[①]

海南作为 4 个试验区中最年轻的试验区,经过两年多的实践,空气质量优良天数比例达 99.5%,PM$_{2.5}$浓度为 13 微克每立方米,创 PM$_{2.5}$有监测记录以来的历史最低水平。城市(镇)集中式饮用水水源地水质达标率 100%,城镇内河湖水质达标率 91.3%。近岸海域水质优良率 99.9%[②],主要污染物排放、能耗、碳排放强度提前完成国家下达控制目标。

为了确保生态环境只能更好、不能变差,2020 年 7 月,海南省委、省政府决定成立生态环境保护百日大督察工作领导小组,组建 10 个专项督察组,对各市县(含洋浦)开展为期一百天的生态环境保护大督察。按照要求,各督察组要坚持一竿子插到底,绕开"指定路线",回避"示范盆景",让督察动真格、见实效。

2020 年底,海南还正式启动了热带雨林国家公园生态系统生产总值(GEP)核算体系建立工作。GEP 是指特定地域单元自然生态系统提供的所有生态产品的价值。换句话说,它就是用一个清晰的数字,告诉人们"绿水青山"到底值多少"金山银山"。

三、海南省建设生态文明试验区的经验

在落实《国家生态文明试验区(海南)实施方案》(以下简称《实施方案》)各项任务的进程中,海南省紧紧围绕生态环境质量和资源利用效率"两个领先"目标,积极推进生态文明建设和体制机制创新试验。在任务安排上采取"实施方案分工全覆盖＋重点任务分年度推进"方式,在制度创新上采取"成熟一批、总结一批"方式,在时间节点上采取"2020 年第一阶段刚性任务＋2035 年中长期规划研究"方式,主次分

---

① 绿色底蕴映初心[N]. 海南日报,2021-04-12(2).
② 吴承坤,白雪. 可复制可推广成果在生态文明试验区"开花结果"[N/OL]. 中国经济导报,2021-07-20[2021-07-21]. http://www.ceh.com.cn/epaper/uniflows/html/2021/07/20/03/03_46.htm.

明,长短结合,压茬推进。截至 2020 年底,《实施方案》明确的 33 项重点制度成果已正式出台 30 项,剩余 3 项已形成初步成果,正在进一步修改完善、履行程序。海南省向国家发改委申报了第一批制度创新改革举措,并已纳入国家层级推广清单。主要经验如下。

1. 国土空间分级分类管控制度。海南依托"多规合一",充分衔接各类自然保护地、生态公益林、饮用水水源保护区等,统筹划定生态保护红线、永久基本农田、城镇开发边界三条控制线和生态、农业、城镇三类空间,明确管控要求,实行分级管控。对于生态保护红线,统筹考虑各类自然保护地的管理要求差异,采取"正面清单+严格管控"方式,制定差别化管制规则和准入条件。对一般生态空间,采取"负面清单+开发强度"方式,对空间内生产、生活、旅游等活动限定类型和强度。对农用地转用和土地征收、林地征(占)用、海域使用等国土空间用途管制行政审批事项,实行政府内部统筹办理,一个窗口对外。

2. "多规合一"集成改革和应用。以总体规划取代原有的各市县城市总体规划、土地利用总体规划、林地保护利用规划、海洋功能区划等,形成了全省一张规划蓝图。颁布实施总体规划、重要规划控制区规划管理的相关法规,修订城乡规划、土地管理、林地管理、海域使用管理办法等省级法规,妥善解决改革与依法探索的关系。搭建综合管理平台,形成包含"1+4"(数据库+查询统计、审查审批、监测督察、辅助决策四大应用功能模块)的大数据管理信息系统。在生态红线督察、打违控违工作中充分应用监测督察功能,在路、水、电、气、信"五网"基础设施以及热带雨林国家公园等专项规划编制过程中充分应用查询统计及辅助决策功能。

3. 塑料污染系统治理机制。制定出台省级地方性法规。对有禁限要求的一次性不可降解塑料制品种类实行名录管理,根据国家各阶段要求和替代品的技术可行性、供给能力和成本,成熟一批、发布一批。制定便于应用的塑料制品中不可降解成分的快速检测方法,服务便捷执法。建设信息平台,将进入海南市场的全生物降解塑料制品生产企业信息和产品信息纳入平台管理,实现全流程可追溯和执法信息化。在全省各级党政单位、事业单位、大型国企等单位食堂,以及学校、医院、旅游景区和大型商超等重点行业和场所率先实施试点。自 2020 年 8 月起,"禁塑"已在海南省部分公共场所和重点行业、领域落地试点;12 月 1 日起正式实施。这项工作,旨在探索塑料污染系统治理机制,率先实行立法与名录相结合、信息平台备案管理与执法检测简易化信息化相结合、塑料制品替代"堵"与"疏"相结合。初步形成"法规＋标准＋名录＋替代产品＋可追溯体系"全流程闭环管理体系,推动"禁塑"各项工作平稳有序开展。经过努力,在推动省内生产企业形成"禁塑"替代品产能方面取得新成效。根据最新统计,海南省内已有 7 家生产企业形成膜袋类制品产能 2.2 万多吨/年、餐饮具产能 1 800 多吨/年;引进洋浦中科启程年产 50 万吨 PBAT/PBS、中石油年产 6 万吨 PBST 基材生产,海口高新区中科院、深圳裕同、合肥恒鑫年产 3 万吨淋膜纸餐饮具和老城经济开发区中科院制品上下游项目共 7 个,全产业链布局初步形成。[1]

4. 农村生活污水治理捆绑互促工作机制。对农村生活污水治理项目开设绿色通道,实行部门联动审批。统筹实施美丽乡村建设、厕所革命、生活垃圾治理等项目,发挥政策合力。因地制宜分类推进农村生活污水治理,对位于生态保护核心区、基础条件较好、列入重点发展范围的三类村庄实行优先治理,城镇近郊乡村纳入城镇污水管网,环境敏感且人口密集区域采取一体化设施收集处理,临海且地形复杂区域采取人工湿地处理,人口稀疏区域以尾水综合利用为主实行分散治理。建立"第三方＋农户"运维管理机制,委托第三方公司运营设备,聘用村民参与日常运维,实现设备共管、成果共享。

5. 生态敏感区域基础设施建设造价服从生态机制。在生态敏感区域进行基础设施建设时实行生态选线,坚持造价服从生态,最大限度地利用现状条件,减少对原生地理环境的破坏。沿河谷布设路线,减少对水系影响;沿山脚布设路线,减少山体开挖破坏;以曲线路线避让自然保护区;在不可避免需穿越自然保护区和国家级保护动物栖息地时,提高桥隧比例,避开集中连片、整体性较强的保护区域。

6. "节能＋环境标志"双强制绿色产品政府采购制度。根据国家绿色产品认证与标识体系,明确实施环境标志强制采购的品目和依据标准,依托政府采购网上商城建立"绿色产品库",实行"节能＋环境标志"双强制采购。明确绿色产品优先采购标准,在印刷服务、涂料油漆等方面推行优先采购。在采购合同中延伸规定合同履

---

① 绿色底蕴映初心[N].海南日报,2021-04-12(2).

行过程中的绿色包装和绿色运输要求,设置违约条款或制裁措施。同时将省属国有企业纳入绿色采购实施范围。

7. 环境资源巡回审判机制。海南省在设置环境资源审判庭基础上,根据不同区域生态环境保护的特点,在重点自然保护区、主要河流流域、三沙群岛等生态保护核心区域设置巡回审判机构。坚持集中审判与巡回审判相结合,尽可能就地审理案件,方便群众诉讼。针对部分基层群众缺少相关法律知识而盲目猎捕、砍伐等导致被判处刑罚问题,在巡回审判过程中通过甄选典型案例、以案释法等形式进行环境资源法治宣传。海南省各级法院在重点林区、景区、矿区、自然保护区、海域等设立巡回生态法庭、办案点、服务站139个,定期或不定期开展巡回办案,就地立案、就地开庭、就地调解,打通司法便民最后一公里,有效解决了偏远山区、海岛群众的司法诉求。

8. 数字化精准支撑自然资源资产离任审计。整合"多规合一"改革成果、基础地理信息、政务地理空间信息、地理国情监测、遥感影像等各类资源环境实时数据,构建时空数据库。建立各种具有扩展性和开放性的审计分析预警模型,自动生成审计分析结果。将分析结果和疑点向全省范围内的审计组推送,指引现场核查,实现全省审计人员共用一套系统,共享数据资源,精准高效实施审计,使自然资源资产审计流程更加规范透明。

此外,在环保问责方面,海南省强力抓好两轮中央环保督察和国家海洋督察反馈问题整改,形成以最严谨的规划、最严格的措施、最严厉的处罚、最严肃的问责"四个最严"为核心的环保问题常态化整治机制。截至2020年底,两轮中央环保督察整改任务按时完成率分别为95.62%、96.47%;两轮中央环保督察群众举报问题基本"清零"。

在绩效考核方面,实行差别化考核,取消全省2/3市县的GDP、工业产值、固定资产投资考核。

在正确处理保护和发展的关系方面,海南省永久停止中部生态核心区开发新建外销房地产项目;严守生态保护红线、环境质量底线、资源利用上线;推动形成绿色生产生活方式。在生态文明取得显著成效的同时实现了经济发展。当前,海南省符合绿色低碳环保要求的十二个重点产业成为经济增长的主要支撑力量。以旅游业、现代服务业、高新技术产业为主导的绿色产业体系正在逐步形成。2020 年,三次产业结构调整为 20.5∶19.1∶60.4。服务业比重提高 6.4 个百分点,对经济增长贡献率达 95.8%,提高 31.5 个百分点。①

  福建、贵州、江西、海南等生态文明建设试验区的设立和推进,一方面,在自然资源资产权、国土空间开发保护、环境治理体系、生活垃圾分类与治理、水资源水环境综合整治、农村人居环境整治、生态保护与修复、绿色循环低碳发展、绿色金融、生态补偿、生态扶贫、生态司法、生态文明立法与监督、生态文明考核与审计等方面为全国生态文明建设提供了可复制可推广的改革举措和经验做法,必将极大促进各地区进一步深化生态文明体制改革,对"十四五"时期加快推进生态文明建设具有重要意义;另一方面,为生态文明的理论创新、制度创新、科技创新和文化创新奠定了实践基础,为生态富民、生态脱贫的美丽中国建设作出了重要贡献。截至 2020 年底,我国已公布了四批国家生态文明建设示范市县,总计 262 个示范区和 87 个"绿水青山就是金山银山"实践创新基地。过去以消耗煤、油、矿等资源求发展的地区逐步转变为可持续型发展模式,人民群众的生活幸福指数在生态文明建设中得以不断提高。

学习思考

1. 福建省生态文明试验区建设有哪些经验?

2. 江西与贵州在生态文明试验区建设方面有何异同?

3. 海南省生态文明试验区建设的特色是什么?

阅读参考

[1] 国家发展改革委员会关于印发《国家生态文明试验区改革举措和经验做法推广清单》的通知[EB/OL]. (2020-11-29)[2021-06-09]. http://www.gov.cn/zhengce/zhengceku/2020-11/29/content_5565697.htm.

[2] 包思勤,曲莉春,张莉莉. 贵州省生态文明建设的经验及启示[J]. 北方经

---

  ① 绿色底蕴映初心[N]. 海南日报,2021-04-12(2).

济,2016(10):66-69.

[3] 韩卉.习近平生态文明思想的贵州实践研究[J].贵州社会科学,2020(11):40-47.

[4] 本报评论员.让绿水青山永远成为福建的骄傲[N].福建日报,2021-04-02(1).

[5] 陈亮,胡文涛.生态文明中国之路的实践探索与时代启示[N].光明日报,2020-06-11(6).

[6] 杜欢欢.海南省生态文明建设的理论研究与路径选择[J].才智,2018(2):228-228.

[7] 郭薇,曾咏发.福建党政一把手共签环保责任状[N].中国环境报,2016-01-11(1).

[8] 赖嘉姬,张乔娜.江西生态文明建设的实践与启示[J].中共南昌市委党校学报,2020,18(4):57-60.

[9] 兰锋,郑昭,林蔚,等.山海情怀 赤子初心——习近平总书记在福建的探索与实践·党建篇[J].福建党史月刊,2017(7):1,4-16.

[10] 刘兵.抓好生态制度建设 打造美丽中国"江西样板"[J].当代江西,2020(2):43-45.

[11] 刘操.省人大代表热议海南环境保护和生态文明建设 聚焦生态话题 共话绿色发展[J].海南人大,2020(1):26,29.

[12] 马永.海南省水土流失重点防治工程布局探讨[C]//中国水土保持学会水土保持规划设计专业委员会2016年年会论文集.中国水土保持学会,2016.

[13] 邱然,黄珊,陈思."习近平同志不仅有思路,还有切实的行动"——习近平在福建(五)[N].学习时报,2020-06-24(3).

[14] 王明初,杨英姿.社会主义生态文明建设的理论与实践[M].北京:人民出版社,2011.

[15] 王一凡,韩胜丁.绿色发展与海南生态文明建设的实践与经验[J].中国发展,2016(2):1-6.

[16] 王一凡.江西推进生态文明试验区建设:不负绿水青山方得金山银山[N].

江西日报,2017-07-19(A1).

[17] 吴大旬.国家生态文明试验区建设述论——以贵州省为例[J].江西农业,2018(18):122-123.

[18] 肖晓春,王颖凌,刘亢.海南省生态文明建设现状及对策研究[J].经济研究导刊,2016(2):65-67.

[19] 新华网福建频道.第 202 期:福建省生态文明建设情况和亮点[EB/OL].(2019 - 05 - 14)[2021 - 06 - 09].http://www.fj.xinhuanet.com/fangtan/201905sfgw/index.htm.

[20] 燕军,栾忠恒,王宁初.探析新常态下海南生态文明建设的策略和途径[J].现代经济信息,2018(18):1-2.

[21] 佚名.海南生态文明建设分析[M].北京:社会科学文献出版社,2014.

[22] 殷美根.加快推动经济社会发展全面绿色转型 奋力打造美丽中国"江西样板"[N].江西日报,2021-06-01(2).

[23] 张和平.关于国家生态文明试验区(江西)建设情况的报告[N].江西日报,2021-03-16(6).

[24] 中国网.新闻办就"坚定不移推动绿色发展的福建实践——加快建设高素质高颜值的新福建"举行发布会[EB/OL].(2019-07-19)[2021-06-09].http://www.gov.cn/xinwen/2019-07-19/content_5411725.htm.

[25] 钟瑜.生态兴则文明兴——从东寨港红树林保护看海南生态文明建设[J].今日海南,2015,207(10):37-38.

[26] 朱国芳.科学发展观视域的海南生态文明建设研究[D].保定:河北大学,2011.

第七章
生态文明是人类永续发展的
千年之计

习近平总书记在党的十九大报告中指出："坚持人与自然和谐共生。建设生态文明是中华民族永续发展的千年大计。必须树立和践行绿水青山就是金山银山的理念，坚持节约资源和保护环境的基本国策，像对待生命一样对待生态环境，统筹山水林田湖草系统治理，实行最严格的生态环境保护制度，形成绿色发展方式和生活方式，坚定走生产发展、生活富裕、生态良好的文明发展道路，建设美丽中国，为人民创造良好生产生活环境，为全球生态安全作出贡献。"①建设生态文明，不仅仅是中华民族永续发展的千年之计，也是人类永续发展的千年之计，因为人与自然的关系是人类社会最基本的关系。

第一节 生态文明视域下的全球生态治理

自 20 世纪 50 年代以来，关于环境保护、生态治理、可持续发展的一系列问题逐渐成为世界各国工业化和现代化进程中无法回避的焦点问题，特别是全球性生态环境问题的治理难题，极大地考验着世界的国际治理体系和运行机制。不同国家在治理理念、治理方法、合作机制等方面表现出了较大的差异性，既反映了不同文明对于

---

① 习近平. 决胜全面建成小康社会　夺取新时代中国特色社会主义伟大胜利——在中国共产党第十九次全国代表大会上的报告[EB/OL]. (2017-10-27) [2021-06-07]. http://www.gov.cn/zhuanti/2017-10/27/content_5234876.htm.

生态治理认识的差异,也意味着当前全球生态治理合作必须面对诸多现实困境。

一、全球生态治理的基本内涵

全球生态治理是生态文明建设的重要环节,也是学术界研究的重要问题,但对于全球生态治理的内涵,学术界一直没有给出一个清晰的定义。有学者认为,全球生态治理就是通过有约束性的国际规则来解决具有全球性的生态环境问题,从而维持人类社会的稳定和可持续发展。目前,全球生态治理的主体主要包括主权国家、联合国、非联合国体系的国际组织、跨国公司及全球性的行业协会等。全球生态治理的主要内容是各个主体协商合作制定全球性的国际公约或某一国家地区内的法律规章,以限制、禁止对生态环境进行破坏,并运用行政处罚或刑事处罚对破坏环境的行为进行制裁,以实现对全球范围内的生态环境的保护。

二、全球生态治理的主要特征

1. 生态危机的整体性

生态危机是一个全球性难题,不仅仅发生在单一地区,不同原因导致的局部生态环境问题势必会引起连锁反应,辐射到更大的区域,因此,生态危机具有全局性、整体性的特点。比如森林遭到乱砍滥伐而锐减后,会造成整个地区的水土流失。1987年在蒙特利尔举行的保护臭氧层国际大会上通过的《蒙特利尔议定书》规定:那些已完成工业化的国家将氯氟烃的使用量减少至50%,因为氯氟烃的排放不仅会破坏臭氧层,还会加剧地球的温室效应。这样的后果不是某一个地区可以承担的,全世界都需要为此买单。因此,在治理生态环境问题时,我们必须从全局出发,用整体的眼光去把握。

2. 持续时间的长期性

生态环境问题的解决是一个长期的、持久的过程,不可能一蹴而就。自人类文明诞生以来,人类的种种活动就离不开自然界,但最初由于生产力水平不足,人类活动对大自然还影响甚微。直到工业革命时期,大工业生产急速加剧了人类对自然环境的破坏,这种长期性的破坏一直持续到现在。目前全球面临的生态环境危机主要包括气候变暖、臭氧层破坏、生物多样性减少、森林锐减、土地荒漠化、大气污染、酸雨、水体污染、海洋污染、固体废物污染等。处理全球性的生态治理难题是一个长期而复杂的过程,需要一代代人的努力。

3. 问题分布的不平衡性

当前全球各个国家都或多或少地面临生态问题,但这些问题的分布是不均衡的。从空间上看,经济、科技、治理水平、地理位置等方面的差异导致相同的环境问题在不同的地区往往呈现出不同的状况。例如,全球变暖带来的海平面上升问题,对于大部分海拔较高的国家来说影响几乎可以忽略不计,但对于一些岛国来说就是灭顶之灾。据科学家预测,第一个会因为海平面上升而消失的国家是位于太平洋南部的岛国图瓦卢。从时间上看,对自然生态的破坏行为所产生的影响未必是同步发生的,有时是当代人的行为对后代人产生影响。

三、全球生态治理的困境

1. 经济发展和环境保护的矛盾

如何处理好经济发展和生态环境之间的关系,一直是众多国家在工业化和现代化的过程中要面临的现实难题。自工业革命以来,科技进步促进了生产力水平不断提高,人类愈发不满足地从自然界中索取更多资源,随之而来的问题便是生态环境恶化与自然资源枯竭。西方发达资本主义国家的人们开始反思工业化和科技进步等给人类社会带来的负面影响,思考人与自然应该保持何种关系。奥尔多·利奥波德的《沙乡年鉴》、蕾切尔·卡逊的《寂静的春天》、罗马俱乐部丹尼斯·梅多斯的《增长的极限》等著作就体现了这一时期人类对破坏自然环境所进行的反思。然而,西方发达国家虽然采取了生态环境改善的措施,但在资本逻辑的主导下,他们直接将大量工业产生的废料、废水等垃圾运送到一些欠发达地区,虽然在一定程度上缓解了本国的环境保护压力,但是却对那些欠发达地区的环境造成了严重的破坏,甚至那些欠发达国家迫于经济压力,不得不接收一些高污染、高耗能的产业,这使得对环境的污染再次加剧。这种治标不治本和转嫁危机的做法既不能真正破解经济发展和环境保护的矛盾,也无益于解决全球性的生态治理难题。

2. 发达国家与发展中国家的冲突

在全球生态治理问题上,各个国家间始终存在大量分歧和矛盾,难以达成信任、开展合作、共同治理。发达国家由于率先完成了工业革命和现代化建设,在经济发展、科技进步、管理制度等方面具有较大优势,却不愿意承担过去在工业化发展中的历史责任,在全球治理合作过程中,一方面表现出消极保守的态度,总是刻意延缓对发展中国家的治理援助;另一方面,又无视发展中国家面临的经济发展和生态治理的双重任务,对发展中国家在经济、技术上的援助提出过多苛刻条件。发展中国家内部也存在着矛盾和分歧,一些小国为了发达国家许诺的利益充当大国博弈的棋子,在一些事关国际事务的合作中公然站在发达国家的阵营中,全然不顾其他发展中国家的利益。还有一部分发展中国家提出了极为激进的减排方案,或是强行要求发达国家无偿输送节能减排的高新技术。这些举动大都不切实际,难以化解当下发达国家与发展中国家在生态治理问题上的利益冲突。

3. 不同生态治理理念之间的差异

在西方现代化绿色转向过程中存在三种不同的治理理念,分别是主张"自然权利论"的"深绿"思潮、主张"人类中心主义"的"浅绿"思潮和主张变革资本主义制度的"红绿"思潮。这三种不同的思潮都曾活跃一时,在西方社会产生了一定影响。

"深绿"思潮反对近代以来形成的人类中心主义立场,认为导致生态危机的罪魁祸首正是人类自身。"深绿"思潮反对人类中心主义的价值观,强调人与自然界的平等,否认人类具有特殊价值。同时,"深绿"思潮主张把人类与自然界看作一个生态统一体,认为人类文明对自然界的过度开发与利用破坏了二者之间的共生关系。"深绿"思潮具有典型的后现代主义和反人道主义特征。就历史与现实而言,"深绿"思潮的局限性在于没有分析生态危机产生的历史性根源,也回避了发达国家在现代化过程中所埋下的全球性生态危机隐患,更忽视了广大处于弱势地位的发展中国家的权利。

"浅绿"思潮倡导一种新的"人类中心主义"价值观。这种思潮认为,人口的不断增长、技术的相对落后和自然资源的无限制开发才是生态危机的根源,解决生态危机不仅不能否定人类中心主义价值观,而且还应修正和拓展近代以来形成的人类中心主义价值观。因此,"浅绿"思潮主张通过控制人口增长、变革现代技术、赋予自然资源市场价值等措施来解决生态危机。"浅绿"思潮对20世纪中叶以后西方国家的生态治理观念产生了较大影响,并在环境保护生态治理实践中发挥了一定作用。

"红绿"思潮的主要代表有生态马克思主义和有机马克思主义等思想流派。生态马克思主义继承了经典马克思主义的理论观点,认为造成生态危机的真正原因在于资本主义制度的弊端,只有用"红色"的马克思主义理论对政治进行"绿色"改造,形成"红绿联盟",才能化解长期以来的生态危机。通过生态运动与社会运动的结合,实现对生产方式的"绿色"革命和社会制度的"红色"革命。正如生态马克思主义的代表人物佩珀所指出:"所谓的'红绿联盟'就是将红色和绿色运动团结起来,将社会主义和无政府主义联合起来。"而有机马克思主义的理论倾向于对现代性的批判,包括对近代以来西方社会的哲学思维方式和世界观的批判。有机马克思主义则主张通过对大众进行"共同体价值观"的教育来消除资本主义社会中一贯奉行的个人主义和消费主义观念,呼吁生产和消费都应从理性出发。但这二者目前在世界范围内并未产生深远影响。

以上种种生态治理理念在国际生态环境治理合作中难以达到一致,这也是在全球生态治理的指导理论层面上存在的问题。

四、全球生态治理的机制

生态文明建设不是依靠单个国家或地区的努力就可以实现,而是需要各个国家地区间的通力合作。我们把不同部分的相互依存、相互作用的运行状态称为机制,在生态文明建设中,各民族、国家、政党、政府、企业、个人或其他治理主体之间应该建立相应的运行机制,以寻求实现全球生态治理的现实路径。这些治理机制主要包括以下四个方面:全球生态治理的协调机制、全球生态治理的监督机制、全球生态治理的奖惩机制和全球生态治理的创新机制。

1. 全球生态治理的协调机制

世界各个文明之间的交流交融都避免不了交锋和碰撞,建立全球生态治理的国际合作是困难重重,各个国家或是国际组织间由于各自的历史文化、经济发展水平、政治理念以及对生态环境的认知程度等不尽相同,致使各个行为主体在国际合作中会不同程度地陷入"公地悲剧"和责任担当的困境之中。所谓"公地",是指全球公用地,又称为全球公用资源,它主要是指存在于地球上的不为任何单个主体所独占的自然资源,如深海海床、公海和公海渔场、外层空间、南极洲、大气层等。近年来,由于全球公用地不为单独某个国家所私有,因此很多国家为了自身的利益,千方百计寻求对全球公用资源的自由使用权,结果使全球公用资源不可避免地陷入了"公地悲剧"之中。

在国际合作中,国家利益始终是国家行为的根本动力,这也是生态文明建设任重道远的一个重要原因。各个国家关注的利益通常体现为"个体",而生态文明的最终追求在于"整体",即全人类的根本利益。要消解生态文明建设中国际合作的矛盾和困境,就必须建立一种协调机制。第二次世界大战以来,联合国在国际事务间的协调方面发挥了很大的作用。《联合国宪章》规定,联合国宗旨之一是:促成国际合作,以解决国际间属于经济、社会、文化及人类福利性质之国际问题,且不分种族、性别、语言或宗教,增进并激励对全体人类之人权及基本自由之尊重。但是,在具体实践中,联合国同样暴露出体制机制和运行执行上的缺陷,针对生态文明建设中国际合作的问题,联合国先后召开过三次全球性环境会议,包括 1972 年的人类环境会议、1992 年的联合国环境与发展大会以及 2002 年的世界可持续发展峰会。就 2002 年峰会与里约会议相比,参与会议的人员的层次有所下降,只有不到 50% 的政府首脑参加峰会,且当时美国的总统也缺席了该次会议,导致各国媒体对这次会议的评价是贬多于褒。由此可以看出,联合国仍须进一步加强生态文明建设的协调合作水平和能力,以促进各国达成更多共识,实现更有信任的合作。

2. 全球生态治理的监督机制

全球生态治理中的国际合作协调虽然困难重重,但与其监督工作相比,后者更是难上加难。由谁来担任监督的主体以及如何对主权国家进行监督,成为迫切需要解决的难题。对此,联合国应该是目前可以充当国际事务中生态环境治理的监督者的不二选择。

从实践上看,自第二次世界大战结束以来,联合国在维护世界和平和促进发展等方面的作用是巨大的,在很多方面已得到了世界人民和主权国家的广泛认同。目前,发达国家和发展中国家对生态环境破坏方面的相互指责和生态治理方面责任分担的争论,已成为全球生态治理的焦点。发达国家认为,落后国家和地区为了片面追求经济发展对森林乱砍滥伐、对各种植被肆意破坏、对自然资源大量开采和浪费,造成了对人类生态环境的严重破坏,所以生态环境治理的责任应由发展中国家来承担。发展中国家认为,发达国家奢侈消费、过度消费的生活方式,高投入、高能耗、高污染的生产方式,以及对发展中国家资源和能源的掠夺性开发,是导致人类生态环境破坏的罪魁祸首,因此生态环境治理的责任理应由发达国家来承担。这种相互指责、推卸责任的做法只能错失生态治理的良机并给全球生态环境带来更大灾难。尤其是发达国家互相抱团,使责任分担陷入困境。当生态环境的破坏跨越代际的时候,发达国家往往通过其所操纵的国际组织迫使发展中国家做出利益让步,而这些国际组织大多是通过联合国任命成立的。因此,联合国只有摆脱不公正的权力驱使,才能兑现自身对世界的承诺。

当然,联合国在全球生态治理中发挥的积极作用不可忽视,但由于生态文明建设主体的多元性、复杂性、交互性,联合国需在协调各方的基础上制定科学的环境评估标准,加大环境保护的国际立法,坚持软性约束和刚性约束相结合、自我监督和他人监督相结合的原则,才能确保其作用的更大发挥。

3. 全球生态治理的奖惩机制

1972年,在瑞典首都斯德哥尔摩召开的联合国人类环境会议之后,国际社会开始逐渐重视全球性生态环境问题的治理,加大了环境保护立法的力度。世界上大多数国家都开始着手制定一些有关环境保护的法律,明确了破坏环境的主体应承担的行政、刑事、民事或国际法等方面的法律责任。所谓环境法律责任是指行为主体的行为违法、违约或违背基于法律特别规定,并造成环境损害或可能造成环境损害时,应承担的相应法律后果。随着工业文明的不断发展,环境污染已经跨越了时间、突破了空间,人类在欲望的驱使下,人性和物性均遭到任意扭曲和破坏,各种环境问题导致的灾难让人防不胜防。

在这样的背景下,世界上大部分国家都意识到了生态环境保护的重要性和紧迫性,生态治理的奖惩机制通过各个国家不同的环保模式和法律体系体现出来,各国开始对一些绿色环保的企业进行政策上的鼓励,对那些造成严重环境污染的企业加以限制和禁止。德国是世界上最早也是最成功地发展循环经济并进行循环经济立法的国家。早在20世纪70年代德国便先后制定了《废物处理法》、"蓝色天使"计划等,此后又不断推出各种相关的法案、条例和指南。日本是世界上循环经济立法最完备的国家,也是资源循环利用率最高的国家。在21世纪日本还推出了环境会计制度,这种制度通过计算,定量检测、分析并公布企业对于环境保护的投资和其所获得的经济效益。在20世纪中期,美国一度空气污染严重,为了防治大气污染,美国运用了市场经济手段,建立了一套独特的交易体系,交易的内容是企业的排污权。美国环境保护署规定,企业要排污首先必须拥有排污许可证,且不同企业之间的排污权是可以交易的。这种市场手段既可以促进一些新兴企业革新技术以减少排污，又能够给那些不得不排污的企业留有一定的发展空间。长此以往，还可以促进美国企业的环保技术不断发展。但是排污权的交易必须在法律规定下进行，且必须是有偿的，违规的企业必须承担相应的责任。丹麦的卡伦堡生态园区作为世界上最早和目前国际上运行最为成功的生态工业园，已成为全球生态工业建设的示范园区。瑞士的环境保护在世界上处于领先地位，尤其是在对各种废弃物的循环利用方面。瑞典的可持续发展教育最深入人心，在瑞典老百姓眼里，没有废弃的垃圾，只有放错地方的资源。

但是，生态环境的问题有时不是一个国家就可以解决的，很多跨区域、全球性的生态环境问题需要多国乃至全世界的通力合作。为了在全球生态治理中形成更大的"合力"，国际环境法应运而生，主要的公约包括《联合国海洋法公约》《保护臭氧层维也纳公约》《濒危野生动植物种国际贸易公约》《生物多样性公约》《联合国防治荒漠化公约》等。1992 年联合国大会上通过了《联合国气候变化框架公约》，一共有 196 个国家参与签署了这项公约，规定各国按其责任能力分别承担气候治理的义务。2015 年联合国通过《巴黎协定》，要求将全球的气温变化与工业化前的水平相比控制在 2℃以内。但这些国际公约和各国的国内立法相比，大多是一些无约束力的原则宣言和行动纲领，缺乏生态文明建设中应有的国际层面的强制性机制，因此在协调各方矛盾、促进合作共赢方面作用有限。

4. 全球生态治理的创新机制

生态文明建设不仅要依靠主权国家的力量，还要充分发挥非政府组织、跨国公司、各行业协会及个人的作用。只有在各个主体的共同努力下，全球环境恶化的压力才可能减缓，全球环境问题的解决才有希望。不过，多主体治理需要建立一种与之相应的"创新"机制。创新是人类主体生存的自我检讨，是从先验到经验的生存实践活动的能动反映，是通过反思在人的生存实践活动中不断建构起来的"创新"的意识结构。

正如蕾切尔·卡逊所说："我们必须与其他生物共同分享我们的地球，为了解决这个问题，我们发明了许多新的、富于想象力和创造性的方法；随着这一形势的发展，一个要反复提及的话题是：我们是在与生命——活的群体、它们经受的所有压力和反压力、它们的兴盛与衰败——打交道。只有认真地对待生命的这种力量，并小心翼翼地设法将这种力量引导到对人类有益的轨道上来，我们才能希望在昆虫群落和我们本身之间形成一种合理的协调。"[①]在生态文明建设中，创新就是对过去旧有的文明理念和文明实践的超越。创新的结果就是对人与自然能否和谐共生这一核心问题的审视和对人类未来命运的思考。这种创新使人不断获得超越自身的能力并使人的实践活动不断地受到自身的反视，这种反视又反过来提升人类对人与自然及其关系的思考，进而促进人与自然关系协调和谐。

总之，在生态文明视域下，全球生态治理的理念、运行机制和制度体系等，需要继承和发展世界文明的一切积极成果，需要生产力的高度发展和人类交往的普遍发展。这样，全球生态治理客观上为世界历史从工业文明走向生态文明提供了坚实的物质基础和精神力量。实质上，这一点早就被马克思恩格斯的共产主义思想和世界历史理论所阐述。中国的生态文明建设理论是新时代马克思主义中国化的最新理论成果，是马克思主义生态文明思想中国化的历史和逻辑的统一，它必将在促进经济社会可持续发展过程中发挥巨大作用，并为中国赢得更多国际生态治理的话语权。但是，在目前西方资本主义国家所主导的国际经济秩序下，中国生态文明思想的国际传播和全球生态文明建设的推进还任重而道远。

第二节　生态文明视域下人类命运共同体的构建

"人类命运共同体"是在世界处于百年未有之大变局的背景下提出的新理念。构建人类命运共同体是应对全球生态治理困境、破解生态危机的中国方案，随着实践的发展，其内涵不断丰富。中国致力于构建人类命运共同体，着力于生态文明建设及其相关的理念普及和制度构建，着力于积极探索消除工业化对全球生态环境负面影响的可行路径。

一、人类命运共同体提出的背景

当今世界的政治多极化、经济全球化、文化多样化和社会信息化潮流不可逆转，各个国家和地区之间的联系和依存日益加深，但也面临诸多共同挑战：粮食安全、资

---

① 蕾切尔·卡逊.寂静的春天[M].吕瑞兰,李长生,译.长春:吉林人民出版社,1997:262.

源短缺、气候变化、网络攻击、人口爆炸、环境污染、疾病流行、跨国犯罪等全球非传统安全问题层出不穷,对国际秩序和人类生存都构成了严峻挑战。在这种情形下,各个国家和地区的人们无论国籍、信仰、意愿如何,事实上都已经处在一个命运共同体中。与此同时,一种以应对人类共同挑战为目的的全球价值观已开始形成,并逐步获得国际共识。

人类只有一个地球,一个世界。中国首次提出"命运共同体"这一概念是在党的十七大报告中,用来描述中国大陆和台湾之间的关系。2012 年 11 月在中共十八大会议上明确提出了"人类命运共同体"这一概念。2014 年 6 月,习近平总书记在纪念和平共处五项原则发表 60 周年大会上的讲话中,谈到当今世界的格局,指出和平、发展、合作、共赢已成为时代的潮流。2017 年 1 月 18 日在联合国日内瓦总部,习近平总书记发表了《共同构建人类命运共同体》的演讲,提到"让和平的薪火代代相传,让发展的动力源源不断,让文明的光芒熠熠生辉,是各国人民的期待,也是我们这一代政治家应有的担当。中国方案是:构建人类命运共同体,实现共赢共享"①。在这次讲话中,习总书记还谈到,为了更好地保护全世界人民赖以生存的地球家园,为了更好地促进可持续和平发展,应该从五个方面做出努力:(1)坚持对话协商,建设一个持久和平的世界;(2)坚持共建共享,建设一个普遍安全的世界;(3)坚持合作共赢,建设一个共同繁荣的世界;(4)坚持交流互鉴,建设一个开放包容的世界;(5)坚持绿色低碳,建设一个清洁美丽的世界。

二、人类命运共同体蕴含的价值理念

1. 追求全体人类的共同利益

人类只有一个地球,人类共同生活在地球上,为了各自的生存和利益而奋斗。为了维护整个人类世世代代生存、传承、繁衍的共同目标,不同国家、民族的人民形成了共同的利益和需求。这个共同利益和需求的本质,就是保护人类赖以生存的地球家园,也就是保护地球生物圈及生态功能的完好性。如果地球生物圈的完好性无法永续,那么,人类世代的生存环境也将难以为继。因为在地球生物圈中,人类个体成员生存发展的利益也部分地体现为共同体利益,如果共同体利益得不到保障,那

---

① 习近平.习近平谈治国理政(第二卷)[M].北京:外文出版社,2017:539.

么个体成员的利益也难以得到保障。因此,将环境作为人类的共同利益,正是"人类命运共同体"所追求的目标。

2. 体现人类命运与共的合作精神

21世纪是一个世界日益发展着的世纪,是一个世界面临着巨大挑战的世纪,世界需要一种新的价值观念来推动全球秩序变革。在此背景下,中国提出的"人类命运共同体"理念有助于构建新型国际关系,有利于通过建立互惠互利、共同发展的新机制来解决当前世界面临的生态治理困境,有利于实现合作共赢的发展前景。在竞争激烈的全球化时代,合作才能发展,合作才能共赢,合作才能提高。合作共赢的结果不仅仅是1+1等于2,而且还要大于2。人类命运共同体有利于各国实现合作共赢发展。正如习近平总书记所说:"要摒弃零和游戏、你输我赢的旧思维,树立双赢、共赢的新理念,在追求自身利益时兼顾他方利益,在寻求自身发展时促进共同发展。"①

全球生态治理目前所面临的难题,不仅在于要解决的生态问题是全球性的,而且单靠一个或几个国家的参与难以解决。只有全世界各国在治理理念上达成一致,通过协商讨论和共同治理,才能更好地应对全球性的生态问题。为此,中国倡导人类命运共同体理念,不仅有助于解决自身与周边国家的环境问题,还为全球生态危机的解决发挥带头模范作用。基于人类命运共同体的价值理念,各国人民都应该牢固树立命运共同体意识,坚持同舟共济,实现全球共荣共赢发展。同时也应该摒弃霸权主义与强权政治思想,坚持合作共赢,推进全球生态治理进程。生态环境治理是一个全球性的问题,任何一个国家都不能够独善其身。目前中国已将建设生态文明、建设美丽中国等目标列入国家发展计划,这是中国以身作则带领世界各国在生态危机面前树立命运共同体意识的重要表现,是中国始终贯彻新发展理念推动美丽中国建设和美丽清洁世界建设,以自身发展来带动全球共同发展的重要表现。

3. 体现人类命运共同体的公正理念

"人类命运共同体"中所倡导的公正、公平理念是化解全球性生态危机的伦理基础,也是中国自古以来坚持的社会秩序与要求。我们要顺应和平与发展的时代要

---

① 习近平. 迈向命运共同体　开创亚洲新未来[N]. 人民日报,2015-03-29.

求,公正、合理地破解治理赤字,坚持全球生态治理事务由各国人民协商合作,共同推进全球治理规则的民主化进程。

然而,目前人类命运共同体所倡导的公正理念还远未实现。近现代以来,西方资本主义国家凭借在工业文明时期积累的雄厚经济实力、先进科技水平和强大的军事力量对世界各地进行殖民统治、自然资源掠夺等,造成生态环境破坏和经济社会发展严重不平衡,阻碍了全球经济社会的发展和生态环境的治理。同时,发达国家通常还会把一些国内的低产能、高污染的行业转移到发展中国家去,既消耗了发展中国家的大量自然资源,又使得发展中国家承受环境污染的后果。由于经济实力和科技水平较弱,发展中国家根本无法与发达国家相抗衡,不仅经济和科技水平进步缓慢,生态环境也被严重破坏。但是在讨论全球生态环境治理的责任时,以美国为代表的发达资本主义国家却不断推卸责任,不肯主动履行节能减排的义务,甚至要求发展中国家承担与之相同的环境治理责任和义务,试图借此限制发展中国家的发展,这就难以体现出公平公正的理念。

4. 追求全世界各族人民的代际公平

人类在地球这一生态系统中也是自然界的一个物种种群,小到每个个体和家庭,大到一个民族和国家,都有作为这一种群的成员维护人类及后代能够在地球上世世代代永续传承的责任与义务,这是自然界的基本法则。因此,人类对自然界的一切行为活动,不仅要考虑对自身和其他区域的影响,还要考虑是否会对后代产生影响。如果自然环境被破坏产生的结果波及各个领域,那么其后果不是单靠一个国家就可以承担的,全世界都可能要为此买单。因此,我们必须兼顾当代人与后代人的利益,最好能做到"前人栽树,后人乘凉"。可见,代际公平也是人类共同利益的一个重要方面。

三、以人类命运共同体的建构推进生态文明

1. 推进全球生态治理机制的改革

在全球生态治理过程中,各国具体国情、历史条件、经济发展水平、价值观念有所不同,因此在治理过程中往往会出现参与度不够、决策效率低以及执行力弱等问题,可见目前在联合国框架下所建立的协商机制存在一定弊端。为了更高效地解决各国在合作中的难题,提高治理的效率,必须改革传统的联合国全体协商机制,可以

尝试在联合国原有体系框架下设立新的、更加灵活的"主要国家协商机制"来辅助全体协商机制。

　　所谓"主要国家协商机制"是一种辅助全体协商机制的机制,它包容了非主要国家在相关问题上的意见。这里的"主要国家"并非指那些经济、军事强大的发达国家,而是指在处理一些具体生态问题时承担主体责任的国家。当全球生态治理问题出现分歧时,可以由涉及该问题的主要争议国家按照协商一致的原则进行协商,在主要国家之间达成共识后,将该方案提交全体协商会议进行讨论,形成更加广泛的全球共识。这种新的协商机制既可以促进全球生态环境发展目标的制定、全球环境和经济规则的统筹完善,也能够推动国际间资金援助和技术转让等机制的有效运行,从而更好地实现全球共同治理生态问题的发展目标。

　　2. 推行"共同但有区别的责任"准则

　　1972 年在斯德哥尔摩召开的第一届联合国人类环境会议上首次提出"共同但有区别的责任"这一准则。它要求各国对自然环境保护必须承担责任,无论是发达国家还是发展中国家,在全球生态治理过程中要落实好各自的责任,共同携手治理全球生态危机。

　　"共同但有区别的责任"的基本含义是指各个国家不论发达与否,都要对全球生态治理共同承担责任和义务,但由于历史原因和能力大小不同,各国承担的责任有所区别。一方面,解决生态危机需要国家之间的合作,尽管在合作中可能会存在矛盾冲突;另一方面,彼此之间相互尊重理解是国际合作的前提。不过,经济社会发展的不平衡造成了各国在国际政治中主体地位的不平等,致使强权政治成为影响发达国家与发展中国家治理合作的主要障碍,不公平现象也因此出现。另外,各国对公平原则的理解也存在差异,在国际合作中,发达国家由于具备先进的生产力与科学技术,在国际政治中有较大的话语权,而发展中国家没有与发达国家开展平等对话的实力,因而发展中国家通常想建立一种新的国际关系和国际制度来保证共同平等参与全球治理。同样,在全球生态治理合作中应遵循平等公正原则,各国不仅享有平等的权利,还要平等地承担责任和履行义务。这主要出于生态环境问题影响的整体性考虑。然而,在国际合作的实际过程中,各行为主体往往更加注重后者。《巴黎协定》主张"共同但有区别的责任"原则,尽管存在不完美之处,但是也在全球治理中发挥了一定的作用。

总之，发达国家与发展中国家之间的合作依旧存在一系列障碍，发展中国家只有积极调整产业结构、转变生产方式和发展方式，努力实现国家工业化和现代化，才能为解决生态环境治理问题提供必要的经济条件和物质基础。发达国家也需要从命运共同体的角度出发，更多地考虑人类共同利益，才能在全球生态治理合作中获得更多的发展机会。

3. 促进全球生态治理的国际合作

从人类命运共同体和构建新型国际关系的高度来看全球生态治理问题，显然，新型国际关系的构建有利于为国际行为主体参与环境治理提供良好的国际安全环境，人类命运共同体则为全球生态治理合作提供理论指导。因为在全球生态治理过程中实现合作共赢的目标，关键是国与国之间要处理好错综复杂的合作竞争关系。各个主权国家对合作或竞争的选择都与国家利益息息相关，而国家利益则是合作的前提和基础。只有以人类命运共同体理念指导合作与竞争及利益选择，才可促进新型国际关系的建构和全球生态治理的稳步发展。

当今世界的国际间合作并不稳定，在美国频繁退约、英国脱欧等逆全球化行为背景下，全球生态环境治理举步维艰，中国应该积极找准自己的定位。中国既要坚持自身经济社会的不断发展，又不能放弃捍卫发展中国家的利益、诉求；既加强气候变化合作，又要成立"一带一路"绿色发展国际联盟，积极为其他发展中国家提供力所能及的支持和帮助，通过自主研发的技术援助其他国家节能减排；既要在国际舞台上不断提高自身的话语权，又要充当好发达国家与发展中国家之间在气候、环境合作治理方面的协调者，调解好各国和地区的关系，促使发达国家与发展中国家加强生态治理的国际合作。

4. 履行主权国家的治理职责

主权国家是全球生态治理的重要主体，在全球生态治理过程中发挥主导作用。主权国家在全球气候治理中被划分为发展中国家与发达国家，以此区分各自在气候治理中应承担的责任。主权国家凭借其在国际政治领域中的权威，尽其所能地履行在全球生态治理中的职责。

一方面，各个主权国家必须加强对国内环境问题的治理。主权国家为了保护国内的生态环境,通过制定相应的环境法,并依靠国家行政机关来监督执行环境法,达到保护环境的目的。美国自二战以来,工业发展迅猛,能源消耗激增,大气污染严重,因此早在 20 世纪 60 年代就开始制定防治大气污染的法律,比如 1955 年制定的美国第一部联邦大气污染控制法规《空气污染控制法》、1970 年出台的《清洁空气法》等。同时美国还成立了环境保护署(EPA)以专门监管大气污染防治,对每个州和地区依据实际情况制定标准,由环境保护署提供资金和技术支持,确保各个州和地区空气质量达标。同年,英国和加拿大成立环境部;1971 年,日本、法国、联邦德国也分别成立了类似机构;1976 年瑞典成立环境保护厅。随着环保机构的设立,各国都陆续制定了一系列保护环境、控制污染的政策法规,加大了环境保护方面的科研投资。中国在改革开放以后也开始注重对生态环境进行立法保护,《中华人民共和国环境保护法》中的第四条明确将保护环境作为我国的基本国策。进入 21 世纪以来,中国更加注重经济社会发展和环境保护的统一,大力推进可持续发展战略,把经济增长方式的转变与生态文明建设、高质量发展相结合,着力推进经济社会的全面绿色转变,致力于现代化实现与生态环境全面好转的协调统一。

另一方面,主权国家在加强全球生态治理的协商合作的同时,不仅要重视本国国内的生态文明保护与建设,还应积极参与国际环境治理事务。不仅要加强国内的环境保护立法,还要促进国际生态环境问题依法治理的法律条文缔结,促使主权国家能有效制定并实施落实国际环境法,确保其履行治理职责。但从现实来看,主权国家在全球生态治理中的治理能力具有局限性。这既与环境问题的全球性和环境治理的公益性有很大关系,又与主权国家之间的政治、利益斗争密切相关。这种局限性往往不利于各国政府之间展开对全球生态治理的事务的合作。

第三节　生态文明建设的"中国方案"与中国道路

从工业文明到生态文明,是中国跨越两个百年实现中华民族伟大复兴和中国梦的战略机遇期。加快推进生态文明建设,到 2030 年初步实现生态文明的社会转型,到 2050 年正式迈入生态文明新时代,是我国 21 世纪发展的目标。[①] 为此,必须提

---

① 黄承粱. 新时代生态文明建设思想概论[M]. 北京:人民出版社,2018:序言.

出一套符合中国国情的"中国方案",走出一条具有中国特色的社会主义道路。

一、中国生态文明建设的历史进程

在改革开放初期,我国主要以经济发展为目标。但在经济快速增长的同时,环境、资源问题逐渐开始显现。与之相应,人们对生态文明的认识不断提高,建设生态文明的步伐也日益加快。近年来,我国有关自然环境和生态保护的法规和政策体系开始建立,节能减排、循环经济、生态保护、应对气候变化等各方面工作全面展开,取得了卓有成效的改变。

1. 提出"绿化祖国"的号召

中华人民共和国成立初期,历经战乱,一穷二白。积极开展工业化和发展经济,把国民经济引入正轨,是首要任务。在开展经济建设的同时,中国共产党人把修复长期战乱造成的生态环境破坏问题也提上了日程。第一代中央领导集体关于生态环境建设的思想,主要体现在以植树造林为抓手,以加强林业建设为重点,以消灭荒地荒山、改变自然面貌为目标,开展了务实有效的绿化祖国、修复生态、保护环境、调控资源、防治病虫害等工作。为此,第一代中央领导在中华人民共和国成立初期就向全党提出了消灭荒地荒山的任务。毛泽东同志在《征询对农业十七条的意见》中指出:"要求在十二年内,基本上消灭荒地荒山……即在一切可能的地方,均要按规格种起树来,实行绿化。"①这是中华人民共和国成立后治理环境的重点工作,是尽快修复生态和改善环境的中心环节。在随后的社会主义建设进程中,面对"大跃进"对生态环境,尤其是对森林造成的破坏,毛泽东同志发出"绿化祖国"、要使祖国"到处都很美丽"的号召,使绿化祖国战略从中华人民共和国成立伊始贯穿至整个生态文明建设历史进程中,从而奠定了我国环境保护的基本思想。

2. 将环境保护确立为我国的基本国策

自 20 世纪 80 年代以来,我国的环境保护虽然取得了一定成效,但总体形势依然十分严峻,环境污染与生态破坏持续加重的趋势一直未得到有效控制,呈现出"局部有所控制,总体还在恶化,前景令人担忧"的环境保护形势。1983 年 12 月 31 日,在第二次全国环境保护会议上,"环境保护"被正式确立为我国现代化建设的一项基

---

① 毛泽东.毛泽东选集(第五卷)[M].北京:人民出版社,1977:262.

本国策,并初步制定了我国环境保护事业的战略方针,将环境建设与经济建设、城乡建设同步规划、同步实施、同步发展,实现经济、环境、社会发展三者效益的统一。1990 年颁布的《国务院关于进一步加强环境保护工作的决定》中,进一步将保护和改善生产环境与生态环境、防治污染和其他公害纳入我国的基本国策。这体现出环境保护在经济和社会发展中的重要地位,保护环境成为我国的立国之策、治国之策、兴国之策。

在这期间,我国逐步制定实施了一批保护生态环境的法律法规,包括有关防治环境污染的法律、保护自然资源的法律、防治生态破坏和自然灾害的法律。1979年,我国颁布了《中华人民共和国环境保护法(试行)》和《中华人民共和国海洋环境保护法》。20 世纪 80 年代,我国陆续出台了一系列关于环境保护和自然资源管理的法律法规,包括《中华人民共和国水污染防治法》《中华人民共和国森林法》《中华人民共和国草原法》《中华人民共和国渔业法》《中华人民共和国土地管理法》《中华人民共和国大气污染防治法》《中华人民共和国水法》等。1989 年,修改颁布了我国第一部正式的《环境保护法》。20 世纪 90 年代,出台了《中华人民共和国大气污染防治法实施细则》《中华人民共和国水土保持法》《中华人民共和国放射性污染防治法》《中华人民共和国环境噪声污染防治法》《中华人民共和国节约能源法》《中华人民共和国森林法》等,对于环境保护的立法工作进一步到位。

3. 确立可持续发展的战略目标

20 世纪 90 年代初期,我国启动了生态示范区建设工作,原国家环境保护总局将生态省、生态市、生态县、生态示范区、生态功能区、生态工业园区等建设统统纳入生态示范区建设的范畴。1992 年 6 月,我国政府派代表团出席了在巴西里约热内卢召开的联合国环境与发展大会,明确提出了可持续发展的整体战略,把实施可持续发展战略纳入我国国民经济和社会发展计划及远景规划。《中国 21 世纪议程》是世界上第一部包括经济可持续、社会可持续和生态可持续等完整内容的国家《21 世纪议程》。1994 年,国家环境保护局组织制定了《全国生态示范区建设规划》。1995年 3 月,《全国生态示范区建设规划纲要》发布,明确了全国生态示范区建设目标和任务。1996 年通过的《国民经济和社会发展"九五"计划和 2010 年远景目标纲要》正式将可持续发展确定为国家战略。

1999 年,国务院制定并颁布了《全国生态环境建设规划》,启动了全国天然林保护工程、国家生态工程、水土保持生态环境建设"十百千"示范工程、退耕还林还草工程、京津周边地区防沙治沙工程等一系列大型生态建设项目,涉及的县有 1 000 余个,生态建设已辐射到全国范围,建设期计划持续到 2050 年,甚至更长。自 20 世纪 90 年代末期以来,我国相继制定了一系列实施可持续发展战略的重要举措,如《全国生态环境保护纲要》(2000 年)、《可持续发展科技纲要》(2000 年)等,同时中国科学院成立了可持续发展战略研究所,发表了《中国可持续发展战略报告》。2003 年,国务院印发了国家计委会同有关部门制定的《中国 21 世纪初可持续发展行动纲要》,提出了我国可持续发展的目标、重点领域和保障措施,是进一步推进我国可持续发展的重要政策文件。同年,国家环保总局印发了《生态县、生态市、生态省建设指标(试行)》的通知。2007 年,国家环保总局印发了《生态县、生态市、生态省建设指标(修订稿)》。"生态县""生态市""生态省"建设是生态示范区建设的继续和发展,是生态示范区建设的最终目标。

4. 提出人与自然和谐发展

新世纪新阶段,我国工业化的资源消耗强度不断加强,资源能源对经济发展的约束不断加强,生态环境问题也日益成为社会公众广泛关注的突出问题。针对实际情况,中国共产党明确提出了人与自然和谐发展的思想,深化了自身的生态观和发展观。江泽民同志先后在 2001 年 7 月庆祝中国共产党成立 80 周年大会上的讲话中和 2002 年 3 月中央人口资源环境工作座谈会上的讲话中强调,一定要高度重视并切实解决经济增长方式转变的问题,按照可持续发展的要求,正确处理经济发展同人口、资源、环境的关系,促进人和自然的协调与和谐。

党的十六大正式提出了全面建设小康社会的目标。这是在我国可持续发展能力不断增强、生态环境得到改善、资源利用效率显著提高的基础上,为了促进人与自然的和谐,进一步推动整个社会走上生产发展、生活富裕、生态良好的文明发展道路而提出的经济社会协调发展的新目标,旨在保证一代接一代地永续发展。十六届三中全会正式提出以人为本,全面、协调、可持续的科学发展观,科学发展观把"统筹人与自然和谐发展"作为实现社会全面协调发展的一个重要方面。十六届六中全会通过的《中共中央关于构建社会主义和谐社会若干重大问题的决定》

将"资源利用效率显著提高,生态环境明显好转"作为构建社会主义和谐社会的目标和主要任务之一。

5. 提出建设资源节约型、环境友好型社会

在全面建设小康社会进程中,中国共产党进一步认识到切实抓好节约资源、保护环境、改善生态的各项工作,对于实现全面、协调、可持续发展的极端重要性,及时提出了建设资源节约型、环境友好型社会的目标。党的十六大报告指出,要走出一条科技含量高、经济效益好、资源消耗低、环境污染少、人力资源优势得到充分发挥的新型工业化道路,把建设生态良好的文明社会列为全面建设小康社会的四大目标之一。2005 年 3 月,胡锦涛同志在中央人口资源环境工作座谈会上首次提出了建设环境友好型社会的号召。同年 10 月,党的十六届五中全会审议通过的《中共中央关于制定国民经济和社会发展第十一个五年规划的建议》(下文简称《建议》)中强调"必须加快转变经济增长方式","建设资源节约型、环境友好型社会",并把大力发展循环经济,加大环境保护力度、切实保护好自然生态作为建设资源节约型、环境友好型社会的主要内容。发展循环经济,是建设资源节约型、环境友好型社会和实现可持续发展的重要途径。《建议》强调,要坚持开发节约并重、节约优先。完善再生资源回收利用体系,全面推行清洁生产,形成低投入、低消耗、低排放和高效率的节约型增长方式。对消耗高、污染重、技术落后的工艺和产品实施强制性淘汰制度。强化节约意识,鼓励生产和使用节能节水产品、节能环保型汽车,发展节能省地型建筑,形成健康文明、节约资源的消费模式。

2006 年 10 月,党的十六届六中全会进一步要求,以解决危害群众健康和影响可持续发展的环境问题为重点,加快建设资源节约型、环境友好型社会。2007 年 10 月,党的十七大报告中多次强调要把建设"资源节约型、环境友好型社会"放在工业化、现代化发展战略的突出位置,完善有利于节约能源资源和保护生态环境的法律和政策。2008 年 3 月 5 日,国务院总理温家宝同志在第十一届全国人大一次会议上提出要增强全社会生态文明观念,动员全体人民更加积极投身于"资源节约型、环境友好型社会"建设,推动"建设资源节约型、环境友好型社会"在制度和实践层面深入进行。建设资源节约型、环境友好型社会,是我们党对人类社会发展规律,社会主义建设规律,人与自然、环境协调发展规律认识升华的结果,也是我党贯彻落实科学

发展观、构建社会主义和谐社会、实现国民经济又好又快发展的重大战略举措,对于深入推进我国社会主义现代化建设事业,保障人民群众的根本利益,实现中华民族伟大复兴和永续发展,具有重要的意义。

6. 提出建设社会主义生态文明

中国共产党第十七次全国代表大会把"生态文明"作为全面建设小康社会的新目标,要求"建设生态文明,基本形成节约能源资源和保护生态环境的产业结构、增长方式、消费模式。循环经济形成较大规模,可再生能源比重显著上升。主要污染物排放得到有效控制,生态环境质量明显改善。生态文明观念在全社会牢固树立",明确把坚持节约资源和保护环境作为我国的基本国策,在工业化、现代化发展的过程中,加强能源资源节约和生态环境保护,增强可持续发展能力,加快形成可持续发展体制机制,并且论述了"建设生态文明"的一系列方针、政策和措施。党的十八大把生态文明建设纳入中国特色社会主义事业"五位一体"总体布局,首次把"美丽中国"作为生态文明建设的宏伟目标,同时将"中国共产党领导人民建设社会主义生态文明"写入党章,作为行动纲领。

二、生态文明建设的"中国方案"

1. 建立和完善生态文明制度体系

2012 年 11 月,党的十八大将"加强生态文明制度建设"作为大力推进生态文明建设的四条路径之一。按照党的十八大精神,2013 年 11 月,党的十八届三中全会明确将生态文明制度建设作为全面深化改革的重要内容。2015 年 9 月 11 日,《生态文明体制改革总体方案》提出,我国生态文明体制改革的目标是"到 2020 年,构建起由自然资源资产产权制度、国土空间开发保护制度、空间规划体系、资源总量管理和全面节约制度、资源有偿使用和生态补偿制度、环境治理体系、环境治理和生态保护市场体系、生态文明绩效评价考核和责任追究制度等八项制度构成的产权清晰、多元参与、激励约束并重、系统完整的生态文明制度体系"。党的十九大提出"加快生态文明体制改革,建设美丽中国"。党的十九届四中全会提出了完善生态文明建设的四项措施:第一,完善生态环境保护的相关制度;第二,促进资源有计划地高效利用;第三,注重生态环境保护和修复;第四,规定生态环境保护责任。由此提出了坚持和完善生态文明制度体系的战略安排。

2. 建立和完善生态文明法治体系

为确保生态文明建设的顺利推进,我国加快了生态文明领域立法和执法的步伐。2014 年 4 月 24 日,我国通过了修订后的《中华人民共和国环境保护法》,该法被称作中国史上最严格的环境法。2018 年,在第十三届全国人民代表大会一次会议上,生态文明被正式编入宪法中,明确了生态文明的宪法地位。2020 年 5 月 28 日通过的《中华人民共和国民法典》在第七编"侵权责任"中专门设立"环境污染和生态破坏责任"一章,将"绿色原则"作为"民法典"的基本规定之一。在执法方面,我国主要是推出了中央环保督察制度,在 2016—2017 年一年间推动解决了全国范围内 7 万多个群众身边的环境问题。2018 年中央环保督察筛选出了 103 个典型案例作为负面教材,供教育广大人民群众所用。2019 年 6 月,国务院办公厅印发了《中央生态环境保护督察工作规定》。2019 年以来,自然资源部重点围绕《中华人民共和国民法典》、《中华人民共和国行政处罚法》和新《中华人民共和国土地管理法》实施、矿产资源管理改革要求,以及《中华人民共和国长江保护法》实施等,废止了 13 部规章,修改了 19 部规章,为深化自然资源管理改革提供了法治保障。

3. 推动生活方式和消费方式绿色化

党的十八大以后,我国提出了实现生活方式和消费方式绿色化的战略。2014 年 11 月,《环境保护部关于加快推动生活方式绿色化的实施意见》中,将"更新理念、夯实基础""节约优先、绿色消费""创新驱动、政策引导""典型示范、全民行动"作为生活方式绿色化的基本原则,这是我国关于推动生活方式绿色化的规范性文件,以邓小平理论、"三个代表"重要思想、科学发展观为指导,全面贯彻党的十八大和十八届二中、三中、四中全会精神。2017 年 3 月 18 日,我国发布《生活垃圾分类制度实施方案》,在地方上,各省市陆续出台了相应的垃圾分类指导意见或实施方案,以法治为基础,政府推动、公民参与、城乡统筹、因地制宜的生活垃圾分类制度应运而生。2018 年 5 月,习近平总书记在全国生态环境保护大会上提出:"绿色生活方式涉及老百姓的衣食住行。要倡导简约适度、绿色低碳的生活方式,反对奢侈浪费和不合理消费。"①

---

① 本书编写组. 十九大以来重要文献选编(上)[M]. 北京:中央文献出版社,2019:455.

4. 推动产业结构绿色化

2012年11月,党的十八大提出了"加快形成新的经济发展方式"的战略部署。习近平总书记指出:"生态环境问题归根到底是经济发展方式问题,要坚持源头严防、过程严管、后果严惩,治标治本多管齐下,朝着蓝天净水的目标不断前进。"①为此,2015年《中共中央国务院关于加快推进生态文明建设的意见》提出了实现生产方式绿色化的任务。根据国务院2018年政府工作报告,在过去五年中,我国高技术制造业产值年均增长11.7%。"十三五"期间,中国产业结构绿色转型升级取得实质成效。2019年,中等规模以上企业单位工业增加值能耗比2015年累计下降超过15%,相当于节能4.8亿吨标准煤,节约成本约4 000亿元。中国的新能源汽车行业高速发展,销量占全球新能源汽车的55%,成为目前全球新能源汽车保有量最多的国家。②

5. 探索迈向碳中和目标

党的十八大报告中提到,大力推进生态文明建设的重要途径是"绿色发展、循环发展、低碳发展"。这使"绿色、低碳、循环"成为未来经济发展方式的基本转型方向。2020年9月22日,习近平主席在第75届联合国大会上宣布"中国将提高国家自主贡献力度,采取更加有力的政策和措施,二氧化碳排放力争于2030年前达到峰值,努力争取2060年前实现碳中和"③。将碳达峰、碳中和目标纳入社会主义现代化强国建设总体战略和目标。做好新时期应对气候变化、全面绿色转型和零碳社会建设的顶层设计,表现出大国应对气候变化的责任担当,有助于重振国际社会落实《巴黎协定》的信心,也有助于推动中国经济高质量发展,为中国建成社会主义现代化强国提供重要战略支撑。

6. 推动生态文明领域的外交与国际合作

党的十八大以后,按照人类命运共同体的价值理念,中国积极投身于生态文明领域的外交与国际合作。习近平总书记就全球气候问题、绿色"一带一路"建设问

---

① 中共中央文献研究室.习近平关于社会主义生态文明建设论述摘编[M].北京:中央文献出版社,2017:25-26.
② 数据来自国家统计局网站。
③ 习近平出席金砖国家领导人第十二次会晤并发表重要讲话[N].人民日报:2020-11-18(1).

题、打造全球能源命运共同体问题、打造全球核安全命运共同体问题、打造人类卫生健康共同体问题等开展了一系列外交活动,提出了广泛的具有建设性的意见,推动了世界各国在生态文明建设领域的合作。2016 年,中国发布了《中国落实 2030 年可持续发展议程国别方案》,实施《国家应对气候变化规划(2014—2020 年)》,同年向联合国交存《巴黎协定》批准文书。2017 年,中国与联合国环境署等国际机构一道发起建立"一带一路"绿色发展国际联盟。同年 10 月,党的十九大报告中明确指出,新时代坚持和发展中国特色社会主义的基本方略之一是"坚持推动构建人类命运共同体",呼吁全世界人民通力合作以应对全球气候变化,要求中国成为全球生态文明建设的重要参与者与引领者。2018 年,习近平总书记在全国生态环境保护大会上将"共谋全球生态文明建设"作为新时代生态文明建设必须坚持的六项原则之一。

三、生态文明建设的中国道路

到 2020 年,我国已经基本实现了全面建成小康社会的战略目标。如今我们要面对的难题不仅仅是经济发展的问题,还有生态环境问题,因此深切关注人与自然和谐共生,关注生物安全,关注绿色低碳等依然十分重要。新时代我们要建设的是"富强民主文明和谐美丽"的社会主义现代化强国,因此我们必须高度重视生态文明建设,因为它是关系人民、关乎民族的重大社会问题和政治问题,是实现中国梦的基础和内在要求。当然,建设生态文明不可能一蹴而就,我们可以总结并借鉴国内外生态文明建设的经验教训,将理论与实践相结合,寻求人与自然和解的方式。这是面对百年未有之大变局,建设中国特色社会主义生态文明道路的一种积极探索。

1. 构建新时代生态文明建设思想理论体系

中国特色社会主义建设已进入新时代,以习近平同志为核心的党中央高度重视生态文明建设的推进。2018 年在北京召开的全国生态环境保护大会上,习近平总书记提出了新时代生态文明建设的六项原则。其中,"共谋全球生态文明建设"是中国提出的解决全球性生态环境问题所必须坚持的原则。这一原则既是对中国传统文化的弘扬和传承,也是对马克思主义的发展和创新。中华文明数千年来生生不息,源远流长。儒家的"天人合一",道家的"道法自然",佛家的"众生平等"等,都彰显出中华民族传统文化中富有内涵的人与自然相和谐的价值体系。而在马克思恩格斯所处的时代,尽管他们没有明确提出"生态文明"这一概念,但他们在著作中对人与自然的关系都进行了一番论述,尤其是恩格斯在他的《自然辩证法》中曾指出:"我们不要过分陶醉于我们人类对自然界的胜利。对于每一次这样的胜利,自然界都对我们进行报复。"[①]总之,在全球化影响不断加深的背景下,正如习近平总书记所说的,人类已"越来越成为你中有我、我中有你的命运共同体"[②]。由此可见,"共谋全球生态文明建设"是新时代汇聚了中华民族智慧、面向全球生态文明领域国际合作的必然选择的宝贵经验的升华。

2. 积极参与国际事务合作,提高在国际社会的话语权地位

当今世界正面临建立国际政治经济新秩序新格局,每一个国家都希望在国际社会中能拥有自己的话语权。但国际上生态环境治理的话语权一直牢牢掌握在西方发达资本主义国家手中,发展中国家长期处在不利的地位。目前中国正需要建立一套自己的生态文明建设理论并将其作为自身话语权的理论基础。中国正在走一条不同于西方的生态文明建设道路,且在逐步构建新时代富有中国特色的生态文明建设话语体系。党的十七大明确把"建设生态文明"列入全面建设小康社会奋斗目标的新要求,建设资源节约型、环境友好型的"两型社会"。党的十八大报告正式把生态文明建设纳入"五位一体"总体布局和"四个全面"战略布局,要求加快推进生态文明建设。2016年,联合国环境规划署对习近平总书记的绿色发展理念给予了高度评价,并发布了《绿水青山就是金山银山:中国生态文明战略与行动》报告。同时,中国也在积极推动国际相关环境保护协议的签署,如事关全球气候变化的《巴黎协定》;积极履行《联合国气候变化框架公约》《生物多样性公约》《蒙特利尔议定书》等国际公约;充分发挥绿色"一带一路"倡议在国际生态环境治理中的巨大作用。通过积极广泛地参与国际事务,中国逐渐扩大了在国际社会的影响力,让世界听到中国的声音。

3. 坚持高质量发展,发挥社会主义的优越性

面对日益严峻的生态危机和错综复杂的国际关系,我国只有加强自身的建设,

---

① 马克思,恩格斯. 马克思恩格斯选集(第3卷)[M]. 北京:人民出版社,2012:998.
② 习近平. 习近平谈治国理政[M]. 北京:外文出版社,2014:272.

才是对其最好的回应。我们要重视生态经济建设,把生态文明建设与经济社会建设结合起来,破解经济发展与环境保护的矛盾;要认识到科学技术在生态文明建设中的关键性作用,大力发展绿色环保技术,以科技创新推动生态文明建设;要注重教育,重视人才培养,以科技为支点,以人才为主力,推动生态文明建设不断转型升级。在提升综合国力、提高人民生活质量的同时,要特别重视新能源经济、低碳经济、绿色环保产业的综合发展,努力打造绿色发展的新常态,夯实生态文明建设的经济基础。在社会建设和经济发展进程中,我们也要充分发挥社会主义制度的内在优越性,切不可走上西方治标不治本的老路,要使生态文明建设的成果能够真正地为全民所享有。

最后,我们用习近平总书记在哲学社会科学工作座谈会上的一段话作为结尾:"当代中国正经历着我国历史上最为广泛而深刻的社会变革,也正在进行着人类历史上最为宏大而独特的实践创新。这种前无古人的伟大实践,必将给理论创造、学术繁荣提供强大动力和广阔空间。这是一个需要理论而且一定能够产生理论的时代,这是一个需要思想而且一定能够产生思想的时代。"①

学习思考

1. 有人说,全球生态治理问题背后隐藏的竞争不再是国家间的竞争,而是不同文明间的竞争,你如何看待这个问题?

2. 请从"千年之计"的角度出发,总结生态文明建设对中国乃至世界的重要性。

阅读参考

[1] 习近平. 习近平谈治国理政[M]. 北京:外文出版社,2017.

[2] 习近平. 论坚持推动构建人类命运共同体[M]. 北京:中央文献出版社,2018.

[3] 马克思,恩格斯. 马克思恩格斯选集(第3卷)[M]. 北京:人民出版社,2012.

---

① 习近平. 在哲学社会科学工作座谈会上的讲话[N]. 人民日报,2016-05-19.

［4］毛泽东.毛泽东选集［M］.北京:人民出版社,1977.

［5］中共中央文献研究室.习近平关于社会主义生态文明建设论述摘编［M］.北京:中央文献出版社,2017.

［6］钱易,何建坤,卢风.生态文明十五讲［M］.北京:科学出版社,2015.

［7］钱易.生态文明建设理论研究(第一卷)［M］.北京:科学出版社,2020.

［8］王舒.生态文明建设概论［M］.北京:清华大学出版社,2014.

［9］贾卫列,杨永岗,朱明双,等.生态文明建设概论［M］.北京:中央编译出版社,2013.

［10］黄承梁.新时代生态文明建设思想概论［M］.北京:人民出版社,2018.

［11］张云飞,任铃.新中国生态文明建设的历程和经验研究［M］.北京:人民出版社,2018.

［12］赵建军.实现美丽中国梦 开启生态文明新时代［M］.北京:人民出版社,2018.

［13］张云飞.唯物史观视野中的生态文明［M］.北京:中国人民大学出版社,2014.

［14］蕾切尔·卡逊.寂静的春天［M］.吕瑞兰,李长生,译.长春:吉林人民出版社,1997.

［15］中共中央关于制定国民经济和社会发展第十四个五年规划和二〇三五年远景目标的建议［M］.北京:人民出版社,2020.

［16］习近平.让多边主义的火炬照亮人类前行之路——在世界经济论坛"达沃斯议程"对话会上的特别致辞［M］.北京:人民出版社,2021.

后记

伴随着环境污染治理、绿色发展和生态文明建设的大力推进,我国正在形成以生态文明理念为指引的中国发展新模式,加强生态文明理论与实践教育是面向 21 世纪立德树人、培养时代新人的必然选择。

南京林业大学长期致力于绿色发展的人才培养,高度重视把生态文明教育融入立德树人的全过程各方面,不仅强调在课程设置、社会实践、校园活动等环节,加强了生态文明教育内容的融入,也强调"家—校—社"携手合作、协同推进生态文明教育;要求广大师生深刻认识建设生态文明是关系人民福祉、民族未来的长远大计的重大意义,号召教育工作者要以"功成不必在我"的精神和"功成必定有我"的担当,作出我们这一代人应有的贡献。

为了充分发挥教育工作者的担当精神,帮助同学们深刻把握和理解生态文明建设的内涵,探索适合中国国情的生态文明教育方案,在融合 2021 版思想政治理论课相关教学内容的基础上,对生态文明的由来和实质、科学基础和人文思想、国内外实践等展开了系统的探索。

本书共计七章,由王培君确定编写要求并审定全书;曹顺仙、孙建华、牛庆燕等编委负责全书的编写和校对。

本书的编写得到了南京林业大学党政领导、南京林业大学马克思主义学院师生的大力支持,得到了河海大学出版社社长朱婵玲、编辑曾雪梅的大力帮助。在此一并致以最真挚的感谢。由于各种原因,教材难免还有疏漏与不妥之处,请读者批评指正。

编委

2021 年 10 月